Sitzungsberichte
der Akademie der Wissenschaften
der DDR
Mathematik – Naturwissenschaften – Technik

7 N
1978

Anwendungsgerechte Konstruktionen und deren Beurteilung

AKADEMIE-VERLAG · BERLIN

Sitzungsberichte
der Akademie der Wissenschaften
der DDR
Mathematik — Naturwissenschaften — Technik

Jahrgang 1978 · Nr. 7/N

Anwendungsgerechte Konstruktionen und deren Beurteilung

AKADEMIE-VERLAG · BERLIN
1978

Vorträge wurden gehalten in gemeinsamen Sitzungen
der Klasse Werkstofforschung und der AG Technische Wissenschaften
am 24. 3. 1977, 21. 4. 1977 und 14. 10. 1976

Herausgegeben im Auftrage
des Präsidenten der Akademie
der Wissenschaften der DDR
von Vizepräsident Prof. Dr. Heinrich Scheel

Erschienen im Akademie-Verlag, 108 Berlin, Leipziger Str. 3—4

Lizenznummer: 202 · 100/219/78
Gesamtherstellung: VEB Druckhaus Köthen
Bestellnummer: 762 661 7 (2010/78/7/N) · LSV 3015
Printed in GDR
DDR 6,— M

Inhalt

Prof. Dr.-Ing. *Gerhard Kretzschmar,* Technische Universität Dresden
Die anwendungsgerechte Konstruktion und ihre Anforderungen an den Konstrukteur 4

Prof. Dr.-Ing. *Hans Göldner,* Technische Universität Dresden
Probleme der festigkeitsmäßigen Beurteilung tragender Konstruktionen 24

Dr.-Ing. *Udo König,* Institut für Leichtbau und ökonomische Verwendung von Werkstoffen, Dresden
Probleme der technischen Zuverlässigkeitsforschung unter materialökonomischen Gesichtspunkten 39

Gerhard Kretzschmar

Die anwendungsgerechte Konstruktion und ihre Anforderungen an den Konstrukteur

Zur Technik des Konstruierens und den Fähigkeiten des Schöpfers eines technischen Gebildes, des Konstrukteurs, wird in der Fachliteratur, aber auch in der Belletristik des 20. Jahrhunderts vielseitig und widerspruchsvoll Stellung genommen.

In seinem Buch „Ziel des Lebens" [1] stellt der bekannte sowjetische Flugzeugkonstrukteur Alexander Jakowlew fest: „die schöpferische Suche in der Technik verlangt nicht weniger Hartnäckigkeit und Geduld als in der Literatur oder in der Kunst". Jakowlew kommt aus den umfangreichen Erfahrungen und vielseitigen Problemstellungen seines Lebens als Konstrukteur zu dem Schluß, daß der schöpferische Prozeß eines Konstrukteurs oder Erfinders sogar noch komplizierter sein kann, denn über welche Fähigkeiten und Talente der Konstrukteur auch verfügen mag, er braucht immer ein Kollektiv zur praktischen Umsetzung seiner Idee.

Somit wird der endgültige Erfolg oder Mißerfolg seines auf dem Papier vielversprechenden Projektes erst im Ergebnis der schöpferischen Arbeit eines großen Kollektives und nach dem Aufwand großer materieller Mittel sichtbar. In seinem Schöpfertum unterscheidet sich der Konstrukteur von einem Maler oder Schriftsteller dadurch, daß für ihn die Kenntnis des Gegenstandes, ein weiter Gesichtskreis und natürliche Fähigkeiten nicht ausreichen, sondern er muß zugleich Technologe, Ökonom und Organisator der Menschen sein, die seine Idee verwirklichen und erproben. Und so wirft Jakowlew in seinem Buch wiederum die Problematik auf, daß es für das Konstruieren nicht nur ausreicht, gute Kenntnisse in Mathematik, Physik, Mechanik und in der Technik zu haben, sondern das sich mit dem Konstruieren auch eine Kunst verbindet, die ohne Inspiration, ohne Talent und ohne ein anschaulich-räumliches Denken zu keinem erfolgversprechenden Ergebnis führt. Er stellt fest: „ein Konstrukteur muß zu allem noch ein Träumer sein, denn gerade in Träumen werden neue Ideen und Vorhaben geboren und Wege zu ihrer Realisierung gefunden". Oft wird in der Konstruktion eine Aufgabe nur gelöst, damit eine neue, noch kompliziertere Aufgabe sich entwickeln kann. Denn der Fortschritt in der Technik ist grenzenlos.

Einen solchen Tatbestand bestätigen uns ständig neue Projekte und Konstruktionen mit einer höheren Leistungsfähigkeit und mit einem größeren gesellschaftlichen Fortschritt. Diese Entwicklung, gezielt für den gesellschaftlichen Fortschritt in unserer Republik zu nutzen, ist Aufgabe und Anliegen von Partei und Regierung in unserem sozialistischen Staat. So fordert der IX. Parteitag der SED hohe wissenschaftlich technische Leistungen als grundlegendes gesellschaftliches Bedürfnis unserer gesamten Vorwärtsentwicklung. Der Nutzen daraus bestimmt die Güte, die Gebrauchseigenschaften, die Kosten, die Lebensdauer, die Funktionssicherheit und Zuverlässigkeit der Erzeugnisse.

Es bedarf also einer Menge Informationen des wissenschaftlich-technischen und gesellschaftlichen Fortschritts, verbunden mit großen schöpferischen Fähigkeiten, zu ihrer Umsetzung bei der Entwicklung eines Erzeugnisses. Vorausgesetzt, daß der Verfahrensentwicklungsprozeß bereits vorausgedacht ist, steht der Konstruktionsvorgang zur Erstellung eines technischen Gebildes am Anfang der Erzeugnisentwicklung.

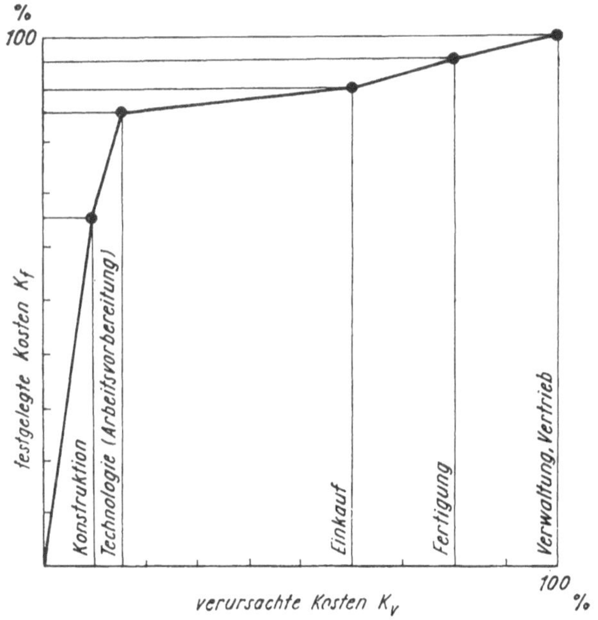

Abb. 1 Kostenfestlegung und Kostenverursachung am Erzeugnis durch die Betriebsbereiche [2]

Somit trägt der Konstrukteur, für den kompromißlosen Vergleich seiner Erzeugnisse mit dem internationalen Stand eine sehr hohe, wenn nicht sogar erstrangige Verantwortung. Diese Verantwortung wird noch deutlicher, wenn wir davon ausgehen, daß jedes weltmarktfähige Erzeugnis zugleich kosten-, material- und energieeffektiv produziert werden muß.

In Abb. 1 wird deutlich, daß bereits in der Konstruktionsphase ~70% der Gesamterzeugniskosten festgelegt werden und daß dieses Ergebnis mit einem verhältnismäßig geringen Kosteneinsatz von 10% im Vergleich zur Gesamtentwicklung und Produktion durch den Konstrukteur erreicht wird. Daraus läßt sich die Schlußfolgerung ableiten: Ein Konstrukteur muß sparsam konstruieren können. Er darf nur soviel Werkstoff einsetzen, wie es Festigkeit, Steifigkeit, Zweck, Genauigkeit und Ästhetik des technischen Gebildes im Gebrauch verlangen. Daraus ergeben sich die Grundregeln des Konstruierens. Ein Konstrukteur muß möglichst *einfache* technische Lösungen finden. Diese müssen in ihrem Aufbau und ihrer Wirkungsweise *eindeutig* und *sicher* sein, also mit einer für das gesamte technische Gebilde optimalen Zuverlässigkeit arbeiten [3, 4, 5, 6].

Untersuchen wir zunächst die Randbedingungen, unter denen die vorgenannten Grundregeln zu erfüllen sind. Mit dem raschen Fortschritt von Wissenschaft und Technik und der internationalen Preisentwicklung für Rohstoffe und Fertigerzeugnisse hat sich die Marktlage verschärft. Daraus ergibt sich, daß der Wert des Erzeugnisses schneller sinkt als vor 10 Jahren.

1. Das bedingt, daß in 5—8 Jahren völlig neue Lösungen für vorhandene Konstruktionen zu finden sind. Ein Beispiel hierfür ist die Entwicklung automatisierter Maschinen der NC-Technik von der Lochstreifeneingabe bis zur Ansteuerung durch den Mikroprozessor.

Entsprechende Lösungen müssen einerseits eine maximale Anpassung des Erzeugnisses an die Fertigungsaufgabe bzw. an die Gebrauchsforderungen realisieren, d. h. sie müssen optimal die Forderungen einer gesellschaftlichen Aufgabenstellung für eine Erzeugnisentwicklung erfüllen, andererseits haben sie eine ökonomische Herstellung des Erzeugnisses selbst zu sichern. Es muß also die Variante mit dem größten Nutzwert für Hersteller und Anwender gefunden werden. Damit wird die Anwendung von Optimierungsalgorithmen unter Beachtung ökonomischer, konstruktiver und technologischer Kriterien sowie Restriktionen bei der Entscheidungsfindung im konstruktiven Entwicklungsprozeß immer zwingender.

2. Die vorhandene Rohstoffbasis erfordert einen effektiven Einsatz aller Werkstoffe, einschließlich der Sekundärrohstoffe. Diese Tatsache zwingt den Konstrukteur zu sinnvollen Werkstoffkombinationen, wie Metall—Plaste, Metall—Beton u. a. Da auch unter diesen Bedingungen die geforderte Be- und Verarbeitungsgüte zu erfüllen und die Funktionssicherheit und Zuverlässigkeit zu erhöhen ist, wird die Anwendung von Berechnungsalgorithmen in der Konstruktion immer dringlicher. Die steigenden Aufwendungen zur Energieerzeugung und der zunehmende Energiebedarf erfordern vom Konstrukteur Lösungen für einen rationellen Energieeinsatz sowohl zur Herstellung des Produktes, als auch während der Einsatzphase des Erzeugnisses. Daraus leiten sich Maßnahmen zur Schaffung energiesparender Wirkprinzipien und optimale technologische Parameter als Eingangsgröße in die Konstruktionslösung ab.

3. Mit der Entwicklung zu automatisierten Teilefertigungen und mechanisierten Montageprozessen, verbunden mit der Forderung nach ständig besseren Arbeitsbedingungen, erhöhen sich die Erfordernisse für die Qualitätserfüllung und -ver-

besserung der mit dem Erzeugnis hergestellten Produkte. Dies verlangt für die konstruktive Lösung und deren technischer Realisierung allgemein eine hohe Stabilität des Herstellungsprozesses und insbesondere für technische Produkte zunehmend stabile Genauigkeits- und Zuverlässigkeitsergebnisse. Das zwingt zu einer stärkeren theoretischen Durchdringung und Optimierung der Be- und Verarbeitungsverfahren und entsprechend davon abgeleiteter Restriktionen für die konstruktive Lösung und der Dimensionierungsoptimierung der Gesamtmaschine, bezogen auf das geforderte Ergebnis an der Wirkstelle.

Aus den drei genannten Bedingungen leitet sich die vom Konstrukteur im konstruktiven Entwicklungsprozeß (KEP) zu erfüllende Aufgabe ab:

Gewährleistung einer unbedingten Proportionalität zwischen Masseeinsatz — Leistungsvermögen — Genauigkeitserfüllung.

4. Eine weitere, sehr ernst zu nehmende Randbedingung für den Konstrukteur ergibt sich aus der sich ständig verkürzenden Lebensdauer des Erzeugnisses. Wie bereits erwähnt, zwingt dies zur Verkürzung der Entwicklungsperioden und davon abgeleitet zu kürzerer Entwicklungs- und Durchlaufzeit der neu- oder weiterzuentwickelnden Erzeugnisse und zur weiteren Arbeitsteilung im Konstruktionsprozeß. Die Proportionalität der volkswirtschaftlichen Entwicklung bedingt auch im konstruktiven Entwicklungsprozeß eine Intensivierung und Rationalisierung zur Reduzierung der Entwicklungszeiten bei ständig steigenden Gebrauchseigenschaften der Erzeugnisse ohne personelle Kapazitätserhöhung im Konstruktionsbüro. Dabei sind bereits erdachte effektive Lösungen bzw. Teillösungen im KEP weiter zu nutzen und ihre Wiederholbarkeit konstruktiv-technologisch-ökonomisch aufzubereiten.

Daraus leitet sich für Konstruktionswissenschaftler und Konstrukteure die Aufgabe ab:

Schaffung und Anwendung von Methoden, Verfahren und Programmen

- zur systematischen Findung, wissenschaftlichen Durchdringung und Verarbeitung neuer Ideen und Lösungen,
- zur Erhöhung der Sicherheit des Konstrukteurs bezüglich der ermittelten Variante,
- als Grundlage und Vertiefung der konstruktionswissenschaftlichen Ausbildung und effektiven Aneignung des Erfahrungsschatzes durch den Konstrukteurnachwuchs.

Durch eine konstruktionsgerechte Aufbereitung wissenschaftlicher Ergebnisse wird ein zeiteffektives Eindringen des Konstrukteurs in neue Erkenntnisse möglich. Derzeitig nutzen wir die Breite der Ergebnisse der Wissenschaft nicht nur deshalb ungenügend, weil wir das interdisziplinäre Wirken zwischen Forscher—Konstrukteur—Produzent noch nicht allseitig beherrschen, sondern weil für die multivalente Umsetzung der Erkenntniss eines Forscherkollektives die 3—4fache Anzahl ing.-technischen Personals durch die Industrie noch nicht gesichert wird.

Das ist ein entscheidendes Problem des gesellschaftlichen Fortschritts unserer Zeit. Zwei Beispiele sollen dies verdeutlichen: Die Umsetzung grundlegender theoretischer Erkenntnisse in brauchbare technische Lösungen hat oft eine oder mehrere Generationen gedauert, wie z. B. die Erfindung und die Realisierung der Gasturbine: Patent 1791 von Barber, 1872 erste Turbine entwickelt, um 1900 erste Turbine gebaut.

Aber auch bezogen auf einfachere wissenschaftliche Lösungen haben wir diesen, wenn auch nicht so gravierenden Tatbestand noch nicht überwunden, so wurden z. B. Maschinenkonzeptionen für 5-Seitenbearbeitung in der mvI bereits 1968 wissenschaftlich begründet, aber erst heute werden diese Ergebnisse für die Industrie umfassend interessant.

Die Ursachen dafür suche ich nicht im Fehlen der Bereitschaft zum Risiko beim Konstrukteur, sondern in der Gewährleistung solcher Zeitphasen im Tätigkeitsfeld des Konstrukteurs, die eine intensivere wissenschaftlich-schöpferische Arbeitsweise ermöglichen und die damit verbundene Verantwortung des Konstrukteurs voll fordern. Analysen in den konstruktiven Tätigkeiten zeigen, daß Konstrukteure nur 25 bis 30% ihrer Arbeitszeit schöpferisch tätig werden. Hierin sehe ich echte Reserven bei der umfassenden Nutzung der Triebkräfte in der sozialistischen Gesellschaft und in der Notwendigkeit der vollen Ausschöpfung des wissenschaftlichen Könnens der an den Universitäten und Hochschulen ausgebildeten Kader für den wissenschaftlich-technischen Fortschritt unserer Gesellschaft. Bei Realisierung einer solchen Zielstellung werden im umfassenden Maße wissenschaftliche Erkenntnisse für einen hohen Leistungsstand der Erzeugnisse wirksam.

Einen Beitrag zur Erhöhung der schöpferischen Tätigkeit des jungen akademisch gebildeten Konstrukteurs können und müssen auch die Technischen Universitäten und Hochschulen unseres Staates leisten. So ist mit dem Lehren der theoretischen Erfassung der Vorgänge in Maschinen, d. h. das Denken im abstrakten Bereich, die Konkretisierung der abstrakten Vorstellungen für die konstruktive Ausbildung zu verbinden. Letzteres fällt den Studierenden besonders schwer, da sie überwiegend keine Berufsausbildung haben.

Die Einhaltung der gen. Grundregeln des Konstruierens — einfach, eindeutig und sicher — ermöglicht ein hohes Maß an volkswirtschaftlichen Realisierungschancen.

Die Verknüpfung einer technisch und ökonomisch einfachen Lösung mit einer eindeutigen Erfüllung der erforderlichen Funktion und gesicherter Festigkeit, Steifigkeit, Zuverlässigkeit und Unfallfreiheit sowie Respektierung des Umweltschutzes, gewährleistet den Erfolg einer Konstruktion. Ohne diese Verknüpfung ist keine den gesellschaftlichen Erfordernissen entsprechende zufriedenstellende Lösung möglich. Von Niemann [4] wird dies so charakterisiert: „Die Eignung einer Konstruktion soll dem Bestwert, der Aufwand dem Kleinstwert zustreben."

Die Realisierung der Grundregeln ist durch eine Menge von Ergänzungsregeln, die der Konstrukteur während der Phasen des technischen und konstruktiven Entwurfes zu sichern hat, zu erfüllen.

Die Wichtung und Wertigkeit der einzelnen Ergänzungsregeln kann und muß erzeugnisspezifisch unterschiedlich betrachtet werden und hängt von verschiedenen

Einflußgrößen, wie z. B. von der Massenfertigung oder Serienfertigung, den Ausrüstungen des Fertigungsbetriebes, dem automatisierten oder manuellen Einsatz des Erzeugnisses usw. ab. Deshalb möchte ich in Abb. 2 in Anlehnung an Pahl [7] die alphabetische Reihenfolge für die Darstellung der Ergänzungsregeln, die als Forderungen an die konstruktive Gestaltung zu werten sind, wählen. Diese Forderungen an eine anwendungsgerechte Konstruktion lassen sich noch weiter untersetzen, wie es in der nachfolgenden Aufzählung am Beispiel der herstellungsge-

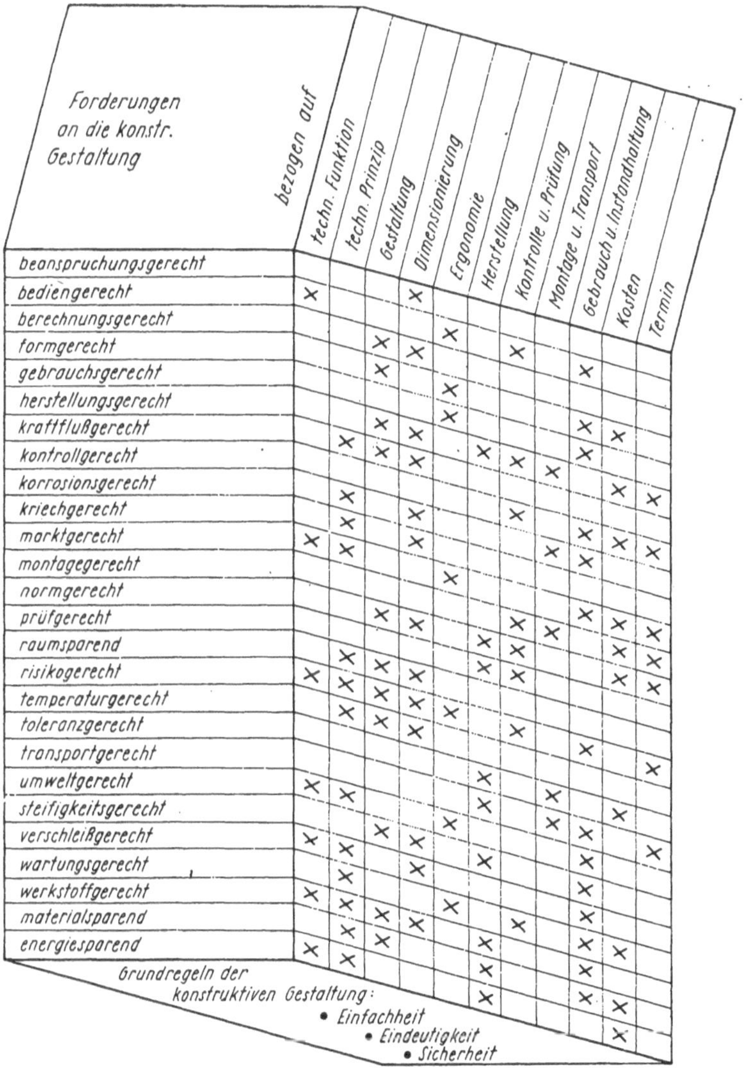

Abb. 2 Regeln und Forderungen, die der Konstrukteur im technischen und konstruktiven Entwurf zu erfüllen hat

rechten Konstruktion gezeigt werden soll. Es kann weiter unterteilt werden in gießgerecht, schweißgerecht, umformgerecht und bearbeitungsgerecht.

Eine solche weitere, sicher wissenschaftlich begründbare Gliederung, überhöht den Komplexitätsgrad in der Denkweise des Konstrukteurs. Um im Ablauf der konstruktiven Tätigkeiten die durchgängige Verarbeitung der Anforderungen an eine anwendungsgerechte Konstruktion für den Konstrukteur zu erleichtern, wurde in Abb. 2 versucht, die Forderungen an die konstruktive Gestaltung den einzelnen Phasen der Entwicklung und Realisierung des zu entwickelnden Erzeugnisses zuzuordnen.

Die Einordnung der Ergänzungsregeln in die drei Grundregeln könnte auszugsweise folgendermaßen geschehen:

1. Grundregel „einfach"

- Realisierung der Konstruktion mit wenig Komponenten oder Teilen.
  Das zwingt oft zum Kompromiß, da die Erfüllung der Funktion stets ein Mindestmaß an Komponenten oder Teilen erfordert, also mehrere Teile einfacher Form bedingt größeren Bearbeitungsaufwand oder kompliziertes GG-Teil mit geringerem Bearbeitungsaufwand; aber Anfertigung eines GG-Teils bringt Terminrisiko.
- Übersichtliche, logische Verknüpfung der Teilfunktionen.
- Übersichtliche Gesetzmäßigkeiten des funktionellen Ablaufes.
- Gestaltung nach einfachen geometrischen Formen, die durch mathematische Modelle beschreibbar sind.
- Durch symmetrische Gestaltung sind unter Last (sowohl statisch als auch thermisch) übersichtliche Verformungsbilder zu erzwingen.
- Die Mensch-Maschine-Beziehungen sind einfach zu lösen, durch sinnfällige Bedienbarkeit, übersichtliche Anordnung der Schaltelemente, verständliche Signale, kraftsparende, nicht ermüdende, formgerechte Gestaltung der Bedienelemente.
- Nutzung optimaler Fertigungsverfahren mit wenig Umspannzeiten, einfacher Kontrollmöglichkeit der bearbeiteten Teile, einfache und zuverlässige Montagemöglichkeit, indem keine An- und Einpaßvorgänge und keine Wiedermontage bereits montierter Teile vorkommen.
- Keine komplizierten Einweisungen für den Gebrauch durch übersichtliche und kontrollierbare Vorgänge und leichte Erkennbarkeit von Störungen sowie zeitsparende Wartungsvorgänge.

2. Grundregel „eindeutig"

Eindeutig ergänzt sich mit „einfach"

- Eindeutigkeit der Aufgabenstellung und klare aufgabenbezogene Wertung.
- Ausgehend von der Funktion klare Zuordnung der Teilfunktionen zu den Ein- und Ausgangsgrößen.

- Beschreibbare Zusammenhänge physikalischer Effekte hinsichtlich Ursache und Wirkung zwecks wirtschaftlicher Dimensionierung.
- Ordnung zwischen Energie-, Stoff-, Raum- und Informationsfluß.
- Konstruktive Gestaltung mit definierten Verformungsrichtungen.
- Eindeutig definierte Belastungsfälle nach Größe, Art und Richtung für Dimensionierung und Werkstoffauswahl.
- Klare Eingangsgrößen zum Verhalten der Konstruktion hinsichtlich Steifigkeit, Resonanz, Verschleiß, Korrosionsverhalten und Umwelt.
- Eindeutige und vollständige Zeichnungsangaben für Teilefertigung, Montage und Transport.
- Gebrauchs- und wartungsgerechte Gestaltung sowie geringe Anzahl an Hilfsstoffen pro Erzeugnis.
- Überprüfungsmöglichkeiten für die Wartung.

3. Grundregel „sicher“

- Geringe Kompliziertheit des technischen Gebildes durch angemessene Sicherheitsforderungen.
- Eindeutigkeit der Lösung muß zu hoher Sicherheit führen.
- Konstruktion der Bauteile und deren funktionelle Wechselwirkung muß sichern, daß alle wahrscheinlichen Versager oder Störungen überwunden werden (1. Sicherheitsprinzip).
- Bei bewußt zugelassener Störung oder Bauteilbruch innerhalb der Einsatzzeit darf kein schwerwiegender Folgeschaden entstehen (2. Sicherheitsprinzip).

Vorgenannte Regeln gelten sowohl für die Funktions-, Bauteil- und Arbeitssicherheit. Bezogen auf den Stofffluß des Herstellungsprozesses und die Lärmintensität muß Umweltsicherheit sowohl für den unmittelbar beschäftigten Menschen als auch gegenüber der Natur gewährleistet sein.

Aus den dargestellten Regeln und der ausgewählten beispielhaften Untersetzung wird die notwendige Vielseitigkeit eines Konstrukteurs sichtbar.

Ausgehend von einer interessanten schöpferischen Arbeit, muß ein Konstrukteur ein breites Einzugsfeld für seine Lösungen nutzen. Er muß mit den Problemen der modernen Wissenschaft und Technik, aber auch der Formgestaltung vertraut sein, sich für vieles interessieren, ein gutes Vorstellungsvermögen haben sowie Fähigkeit und Bereitschaft zeigen, um im Kollektiv entsprechend den gesellschaftlichen Erfordernissen und Bedürfnissen sich mit seiner konstruktiven Lösung in den Gesamtkomplex der zu lösenden Aufgabe einzufügen. Sein Arbeitsstil ist geprägt von großer Sorgfalt und Gewissenhaftigkeit bis zur kleinsten Einzelheit.

Er muß Fähigkeiten zur Verwirklichung der Aufgabenstellung nach Funktionen besitzen.

Bei der Suche nach Information aus Speicher und Experiment muß er große

Beweglichkeit zeigen. Mit seinem Vorstellungsvermögen muß er in der Lage sein, das zu konstruierende technische Gebilde bildlich vorauszudenken. Aus der vorgedachten Synthese muß er analytisch Teilaufgaben ableiten und lösen können. Mit der Entwicklung des rechnergestützten Konstruierens ist es notwendig, die EDV zu beherrschen und selbst Rechenprogramme zu schreiben.

Bei der Fülle der im Maschinenbau zu lösenden Probleme erhebt sich nun die Frage, welche Möglichkeiten gibt es, den Konstruktionsprozeß auf der Grundlage vorgegebener Regeln zu steuern oder welche wirksame Unterstützung kann die Konstruktionswissenschaft dem Konstrukteur geben?

J. Müller sagt dazu [8]: „Weder gegenwärtig, noch in absehbarer Zeit besteht die Möglichkeit, die konstruktions-wissenschaftlichen Erkenntnisse in ein techn. System umzusetzen, das für komplexe Vorgänge den Menschen in seiner Tätigkeit in die Ebene der strategischen Steuerung eines Aggregates hebt."

Aus der bisherigen konstruktions-wissenschaftlichen Forschungsarbeit sind aber vereinfachte Prozesse des Konstruierens abhebbar. Will man diese Ergebnisse nutzen, müssen die Konstrukteure in viel stärkerem Maße als bisher an eine solche Arbeitsweise herangeführt werden. Dabei dürfen die Fähigkeiten des Konstrukteurs nicht unterdrückt, sondern müssen in noch stärkerem Maße gefordert werden.

Um effektive Verhaltensweisen beim Konstrukteur durchsetzen zu können, muß sich eine durchgehende rechentechnische Simulation komplexer Vorgänge entwikkeln, die auch hinsichtlich der Gestaltung einer optimalen Mensch-Maschine-Kommunikation zur Wirkung kommt.

Die weitere Forschungsarbeit sollte davon ausgehen, daß auch in der Zukunft im technischen und konstruktiven Entwurfsprozeß die Fähigkeit des Konstrukteurs weiterhin eine entscheidende Rolle spielen wird. Diese Rolle wird sich nicht nur auf die Steuerung und Regelung der in der Konstruktion programmierbaren Prozesse und Teilprozesse beziehen, sondern vor allem in dem Sinne, daß in jedem konstruktiven Vorgang nach wie vor der Konstrukteur durch gedankliche Tätigkeiten einen beachtlichen Anteil informationsverarbeitender Prozesse bestreiten wird. Daraus ergibt sich der Tatbestand, daß die Tätigkeit des Konstrukteurs nicht durchgängig simuliert werden kann, daß aber Teilprozesse im Dialog interaktiv mit der Rechentechnik lösbar sind.

Die Einführung der Rechentechnik in der Konstruktion, aber auch in der Technologie, erfordert es, die traditionelle Arbeitsweise des Konstrukteurs zu verändern.

Erfahrungen zeigen uns, daß auf den programmierbaren Tätigkeitsabschnitten im Konstruktionsprozeß, wo die vorhandene Rechenprogrammtechnik noch zu wenig anwenderfreundlich ist, bezüglich deren Nutzung in Form wissenschaftlicher Erkenntnisse, methodischer Vorgehensweise und der mathematischen Modellierung und Berechnung fast nichts geschieht.

Daraus ergeben sich folgende Schlußfolgerungen für die Wirksamkeit der Wissenschaft in der Praxis:

a) Der Konstrukteur muß am konkreten Beispiel auf die neue Arbeitsweise vorbereitet werden.

b) Methoden, Verfahren, Programme müssen in stärkerem Maße, bezogen auf den Menschen anpassungsfähiger gestaltet werden.

c) Kleine Schritte in der Anwendung der Rechentechnik sind wesentlich, jedoch ist es entscheidender, die Forschung mit ihren Ergebnissen zunächst auf solche zu entwickelnde technischen Objekte anzuwenden, die geeignet sind, die Arbeitsweise des Konstrukteurs zu revolutionieren. Ein Beispiel hierfür sollte in der Zukunft für eine komplexe Forschungsaufgabe gemeinsam mit der Industrie entwickelt werden.

d) Die vorliegenden konstruktionswissenschaftlichen Erkenntnisse müssen angepaßt, aufbereitet, konkretisiert und detailliert werden. Der z. Z. noch erhebliche Anpassungsaufwand muß dem Nutzer wesentlich erleichtert bzw. abgenommen werden.

Die Aufgabe der nächsten Jahre in der konstruktions-wissenschaftlichen Forschung muß es sein, ausgehend von der Analyse des heutigen, praktischen Konstruktionsprozesses und den vorhandenen Forschungsergebnissen, am konkreten Objekt eine Konstruktionstechnik zu erarbeiten, die die Erfahrungen der Konstrukteure im Maschinenbau mit den neuesten Erkenntnissen der Konstruktionswissenschaft paart und die Arbeitsweise des Konstrukteurs zielstrebig durch neue Verfahrensweisen und Methoden unter Zuhilfenahme der EDVA verändert.

Zwingende Gründe dafür ergeben sich aus

1. der zunehmenden Komplexität der Erzeugnisse auf Grund steigender Anforderungen an ihre technische Leistungsfähigkeit und Qualität,
2. der kürzeren Lebensdauer der Erzeugnisse und des daraus abgeleiteten zunehmenden Arbeitsumfanges und der Arbeitsintensität in der Konstruktion,
3. der Verkürzung der Entwicklungszeiten und der Senkung der Herstellungskosten, um auf dem internationalen Markt dynamisch wirksamer zu werden,
4. der großen Verantwortung des Konstrukteurs für das von ihm entwickelte Erzeugnis unter besonderer Berücksichtigung der stark automatisierten Fertigungstechnik,
5. der zunehmenden Integration des Konstruktions- und Fertigungsprozesses,
6. der Notwendigkeit des Einsatzes der EDVA in der Konstruktion,
7. dem Rationalisierungsrückstand gegenüber den Produktionsbereichen.

Demgegenüber gibt es aber auch eine Reihe ungelöster Probleme bei der Anwendung der Konstruktionsmethodik. Einige möchte ich darlegen:

- Die Suche nach Alternativen darf nicht zu teuer werden. In der Regel setzt der Termindruck eine Grenze.
- Alternativen werden von technischen Randbedingungen z. T. entscheidend eingeengt.
- Neukonstruktionen sind noch zu oft ein Kompromiß zwischen Wollen und Können.
- Die effektive technische Problemlösung muß sowohl die Produktivität des Erzeugnisses als auch die Effektivität der Herstellung des Erzeugnisses selbst sichern.

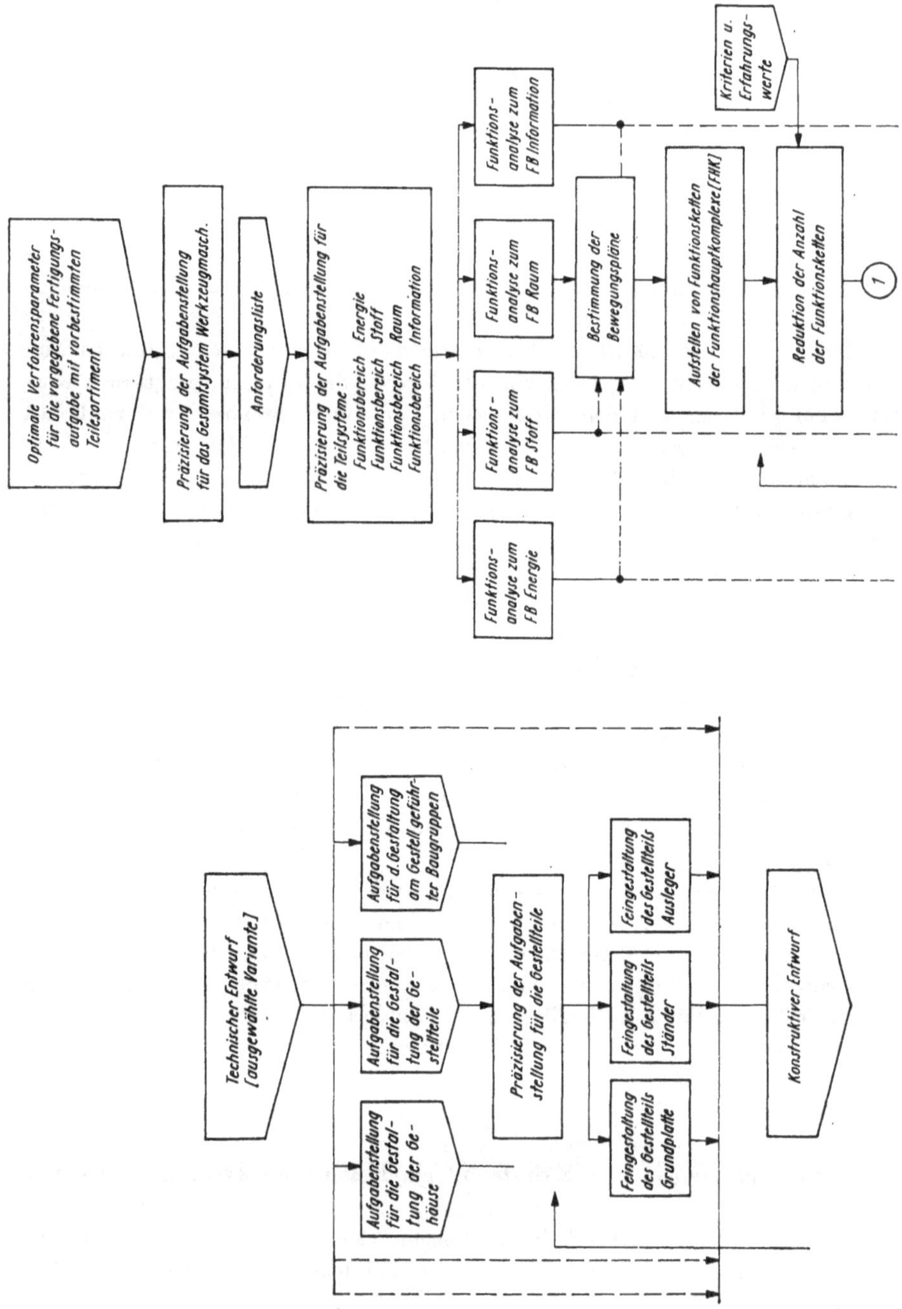
Optimale Verfahrensparameter für die vorgegebene Fertigungsaufgabe mit vorbestimmten Teilesortiment
Präzisierung der Aufgabenstellung für das Gesamtsystem Werkzeugmasch.
Anforderungsliste
Präzisierung der Aufgabenstellung für die Teilsysteme:
Funktionsbereich Energie
Funktionsbereich Stoff
Funktionsbereich Raum
Funktionsbereich Information
Funktionsanalyse zum FB Energie
Funktionsanalyse zum FB Stoff
Funktionsanalyse zum FB Raum
Funktionsanalyse zum FB Information
Bestimmung der Bewegungspläne
Aufstellen von Funktionsketten der Funktionshauptkomplexe (FHK)
Kriterien u. Erfahrungswerte
Reduktion der Anzahl der Funktionsketten
1
Technischer Entwurf (ausgewählte Variante)
Aufgabenstellung für die Gestaltung der Gehäuse
Aufgabenstellung für die Gestaltung der Gestellteile
Aufgabenstellung für d. Gestaltung am Gestell geführter Baugruppen
Präzisierung der Aufgabenstellung für die Gestellteile
Feingestaltung des Gestellteils Grundplatte
Feingestaltung des Gestellteils Ständer
Feingestaltung des Gestellteils Ausleger
Konstruktiver Entwurf

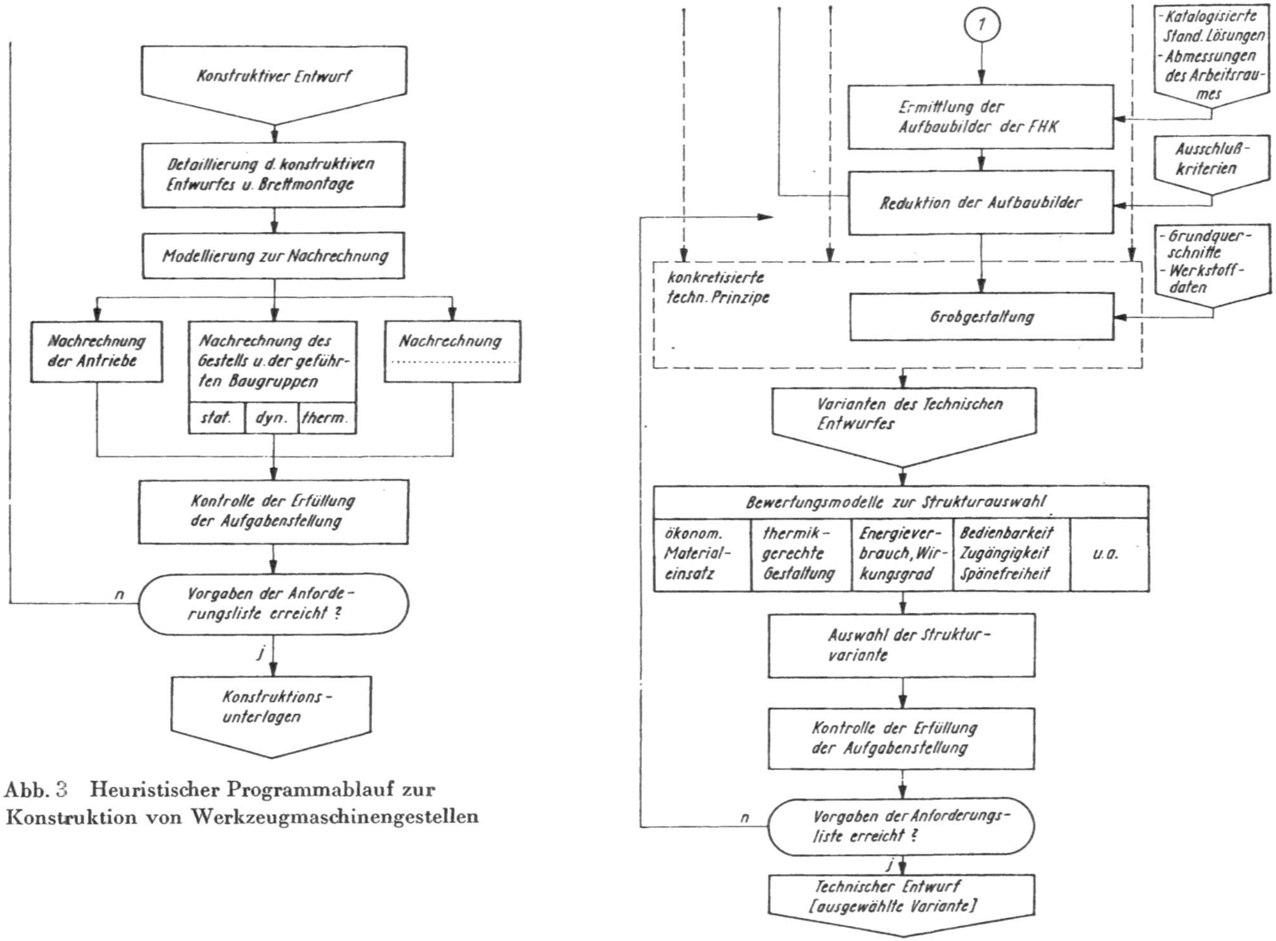

Abb. 3 Heuristischer Programmablauf zur Konstruktion von Werkzeugmaschinengestellen

Aus vorgenannten Darlegungen ergibt sich nun die Frage: Welche Wege sind für eine rationelle Konstruktionsarbeit und für eine effektive Unterstützung des Konstrukteurs zur Erfüllung der in Abb. 2 dargestellten Grund- und Ergänzungsregeln zu nennen?

– Die Arbeitsweise des Konstrukteurs sollte sich auf überschaubare, den Denkablauf fördernde heuristische Programme stützen, wie es am Beispiel der Abb. 3 für den Konstruktionsprozeß einer Werkzeugmaschine und im Detail für den Funktionsbereich Raum gezeigt wird [9]. Jeder Ablaufschritt dieses Programms muß durch projektbezogene Methoden, Verfahren und Programme untersetzt und für einen interaktiven Dialog zwischen Konstrukteur und Rechner aufbereitet sein.

– Darin ist die Präzisierung der Aufgabenstellung des Gesamtsystems und fortlaufend mit dem Konstruktionsablauf auch der Teilsysteme eine wichtige Entscheidungsgrundlage für die Bewertung und Auswahl der aufgabenbezogenen optimalen Lösungsvariante.

– Ein wichtiger Schritt ist das Aufstellen von möglichen Funktionsstrukturen in Form von Funktionsketten, wie in Abb. 4 und 5 gezeigt, und die daraus abzuleitende Entwicklung von Lösungsvarianten [10, 11], wie z. B. in Form eines Aufbaubildes entsprechend Abb. 6. Das Lösungsfeld kann durch Auswahl und Variation der physikalischen Effekte, Variation der Funktionsträger und Varianten der qualitativen Gestaltung aufgebaut werden.

– Das Lösungsprinzip enthält nicht nur das physikalische Geschehen, sondern auch prinzipielle Aussagen zur Art und Gestaltung der Funktionsträger, d. h. über Art und Anordnung von Konstruktionsmerkmalen wie z. B. Wirkflächen, Kinematiken und deren qualitative Gestaltung.

– Für die Auswahl der Funktionsträger sind Speicher mit Angabe der zu erfüllenden Funktionen, Konstruktionsparameter, Zuverlässigkeitskennziffern u. a. erforderlich.

– Auf der Grundlage der erarbeiteten Varianten des technischen Entwurfes (Abb. 3) schließt sich ein umfangreiches Bewertungssystem an. Hierzu sind eine Vielzahl von Bewertungsmodellen erforderlich, wie z. B. für den ökonomischen Materialeinsatz mittels der Dimensionierungsoptimierung [12], für eine temperaturgerechte Gestaltung, für den Energieverbrauch, die Bedienbarkeit usw.

Voraussetzungen für eine objektive Beurteilung sind:

- die geordnete Darstellung von Erkenntnissen, Informationen, Ideen und Meßwerten,
- die Kenntnis des Verhaltens bzw. der Eigenschaften der betrachteten Varianten,
- die Speicherung von Kenngrößen für diese Eigenschaften,

- daß zu erwartende Eigenschaften durch orientierende Rechnungen oder Versuche objektiviert werden können,
- daß durch Aufstellen von Rechen- und Versuchsmodellen eine Verknüpfung der auftretenden physikalischen Größen möglich ist,
- das Aufstellen von Zielvorstellungen über die Erfüllung der Eigenschaften. Diese Zielvorstellungen sind für jede Aufgabe spezifisch und aus der Anforderungsliste abgeleitet zu erarbeiten.

Ergänzend dazu erscheint eine stufenweise Wichtung zur wirklichkeitsgerechten Beurteilung notwendig.

Dies bedingt die Aufstellung eines Zielsystems mit relativen Wichtungsfaktoren für die Auswahl der Eigenschaften entsprechend Abb. 7 [13].

Arbeitsbewegungen der Wirkstelle I:

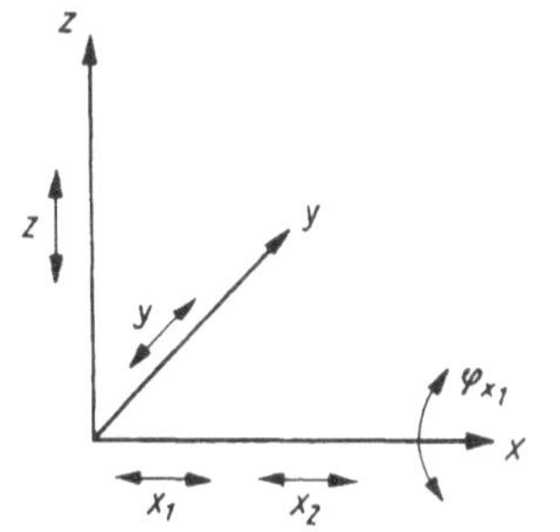

Arbeits-bewegung Kurzzeichen	Ordnungszahl k der Arbeits-bewegung	Anzahl der mögl. Zuordnung $z = 2^{k_{max}}$	Varianten des Blattes 4.6
z	1		
y	2		
x_2	3	32	V1 ... V32
x_1	4		
φ_{x_1}	5		

Schaltbewegungen:

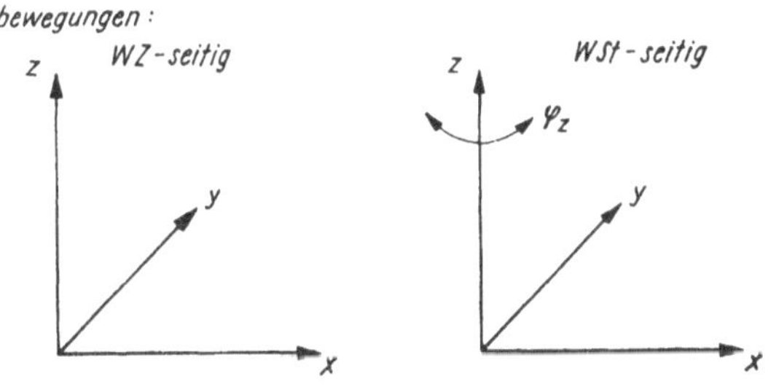

Abb. 4 Arbeitsbewegungen an der Wirkstelle, abgeleitet von der Fertigungsaufgabe und mögliche Variantenanzahl

Die für die zu bewertenden Lösungsvarianten $V_1 \ldots V_m$ ermittelten Eigenschaften können in einer Zielgrößenmatrix den Zielkriterien zugeordnet werden, vergleiche Abb. 8. Von Vorteil ist, wenn die Zielgrößen als Zahlenwerte angegeben werden

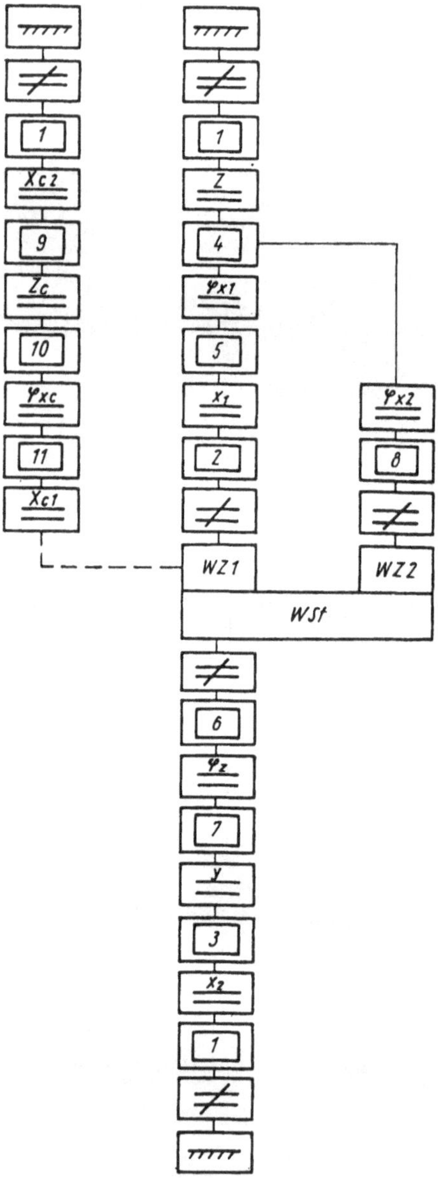

Abb. 5 Funktionskette für zweifachen Werkzeugeingriff als Beispiel für eine Variante

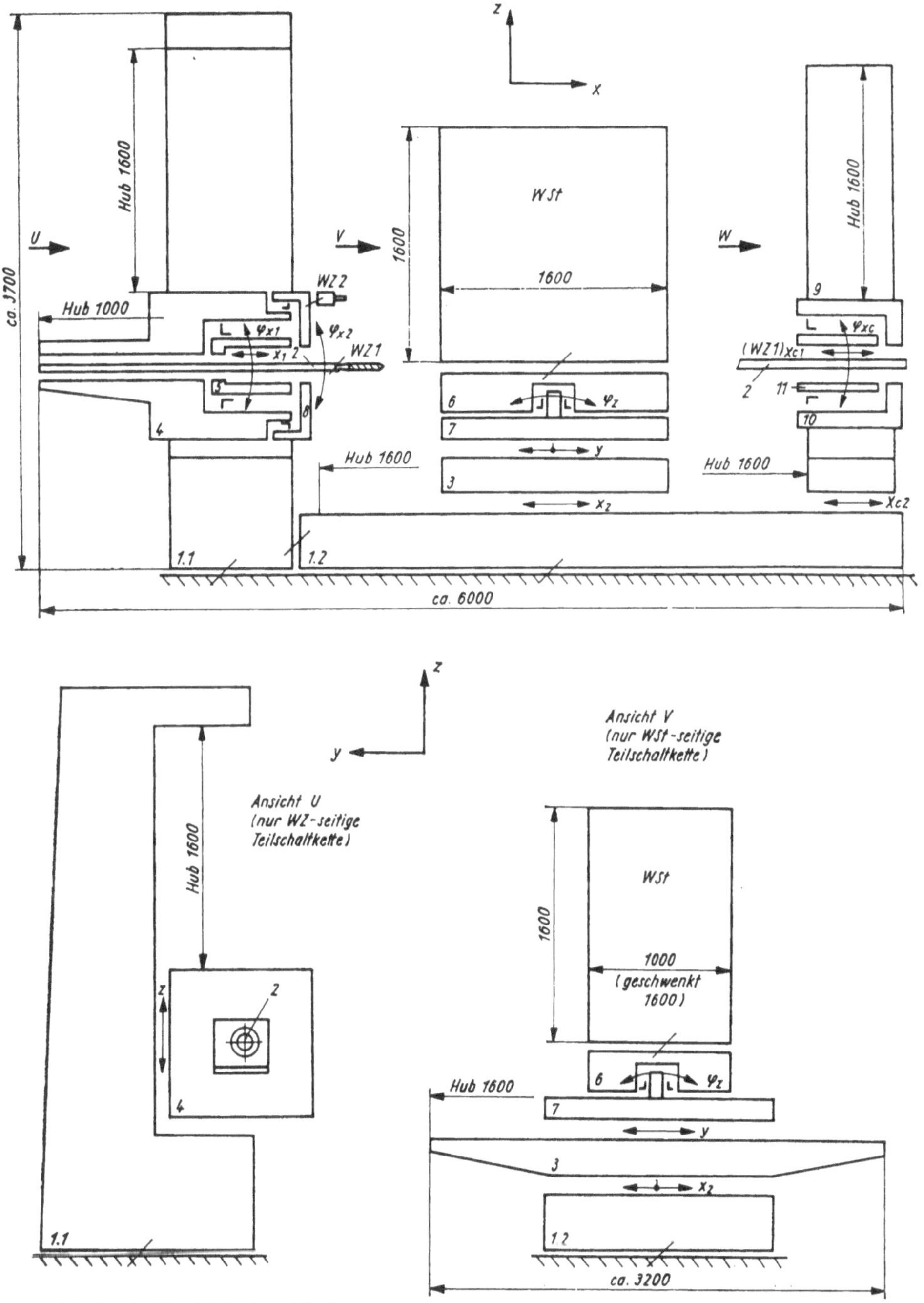

Abb. 6 Aufbaubild einer Variante

können. Die Zielgrößenmatrix ist ein Schritt in der geordneten Informationsdarstellung.

Erst nach Aufstellen einer Zielwertmatrix aus den ermittelten objektiven Zielgrößen und der Zuordnung von Wertvorstellungen eines Beurteilerkollektivs ist eine Möglichkeit zur Bewertung der einzelnen Varianten gegeben. Dabei ist die Vorgabe eines funktionellen Zusammenhanges zwischen Zielwerten und Zielgrößen möglich und zweckmäßig. Der sich daraus ergebende Zielwertverlauf kann auf bekannten mathematischen Zusammenhängen aufbauen, wie z. B. auf lineare oder

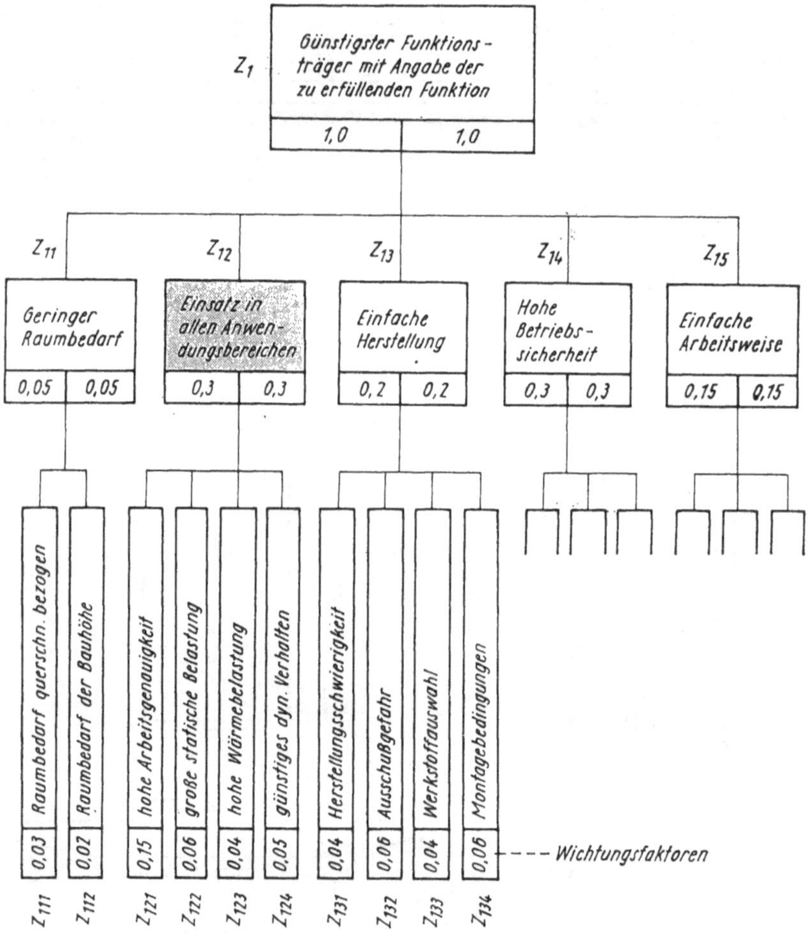

Abb. 7 Zielsystem und relative Wichtungsfaktoren (Z_1 = Hauptziel, $Z_{11}...Z_{15}$ = Zwischenziel, $Z_{111}...Z_{153}$ = Unterziel)

nichtlineare Wachstumsfunktion, lineare Straffunktion, lineare oder nichtlineare Wechselfunktion usw.

Ein weiterer Weg ist die Abschätzung eines Verlaufs, in Form eines Grenzbereiches. Daraus leitet sich folgende Erkenntnis ab:

Das Optimieren der Struktur kann nur das Streben nach einem vom Stand der Technik abhängigen besten Entwicklungsergebnis in bezug auf eine bestimmte abgegrenzte Forderungsmenge sein.

Hansen [3] vertritt hierzu den Standpunkt, daß das Erreichen der optimalen Lösung nicht mit Sicherheit, sondern nur mit einer mehr oder weniger großen Wahrscheinlichkeit möglich ist.

Mit der Konzipierung des Schrittes „Bewertungsmodelle" entsprechend Abb. 3 ist es mit großer Wahrscheinlichkeit möglich, in einem bereits frühen Stadium des konstruktiven Entwicklungsprozesses Lösungen zur Erfüllung der Vorgaben der Anforderungsliste an dem jeweiligen Funktionsbereich zu überprüfen und Entscheidungen für eine optimale, auf die Realisierung der Zielfunktion der Aufgabenstellung bezogene, konstruktive Lösung in Form der Grobgestaltung abzuleiten. Dabei ergeben sich folgende Einschränkungen:

- Die jeweils optimale Lösung ist nur soweit erfüllbar, wie das entwickelte Modell hinreichend genau das konstruktive Abbild des technischen Gebildes in Form der Grobstruktur beschreibt.
- Mit welcher Konkretheit die Analyse des Konstruktionszieles in der präzisierten Aufgabenstellung erarbeitet wurde.

Nach Vorliegen einer Detailbewertung als Teilnutzwert entsprechend der einzelnen Bewertungsmodelle für jede Variante ist eine zusammenfassende Beurteilung der Alternativlösung vorzunehmen, d. h. ihr Gesamtnutzwert zu ermitteln.

Nach Beitz [13] kann dieser Schritt mit bekannten Entscheidungsregeln der

Varianten / Zielkriterien	V_1	V_2		V_j	...	V_m
Z_1	Z_{11}	Z_{12}		Z_{1j}	...	Z_{1m}
Z_2	Z_{21}	Z_{22}	...	Z_{2j}	...	Z_{2m}
⋮	⋮	⋮	...	⋮	...	⋮
Z_i	Z_{i1}	Z_{i2}	...	Z_{ij}	...	Z_{im}
⋮	⋮	⋮		⋮	...	⋮
Z_n	Z_{n1}	Z_{n2}	...	Z_{nj}	...	Z_{nm}

Abb. 8 Zielgrößenmatrix

Systemtechnik erfolgen. Für eine technische Bewertung hat sich die Summationsregel bewährt, indem der Gesamtnutzwert einer Variante ermittelt wird nach der Beziehung

$$N_j = \sum_{i=1}^{n} g_i \cdot W_{ij}$$

Darin bedeuten:

g = Wichtungsfaktor und
W = Zielwertmatrix.

Demgegenüber bestätigen eigene Erfahrungen, daß die Auswahl der optimalen Variante als Ergebnisschritt aus den Bewertungsmodellen eine schöpferische Tätigkeitsphase bedingt, indem zunächst eine logische Verknüpfung der Kenngrößen erfolgt. Danach sollten mit einem Bewertungssystem diese Kenngrößenwerte bzw. Kenngrößenaussagen der einzelnen Bewertungsmodelle gegenübergestellt werden.

Das Bewertungsergebnis für eine geeignete Strukturauswahl kann in der sich so ergebenden Komplexität nicht mehr mathematisch oder formal, sondern nur in einem kollektiven Entscheidungsprozeß ermittelt werden. Die Wertigkeiten der einzelnen Modelle für den Vergleich mit den Vorgaben der Anforderungsliste dienen dabei nur als Entscheidungsvorlage für die kollektive Auswahl der günstigsten Strukturvariante.

Sind Vorgaben der Anforderungsliste auf der Grundlage der Bewertungsmodelle nicht erfüllt, ist die Ermittlung und Reduktion der Aufbaubilder bzw. der Funktionsketten weiterzuentwickeln. Sind mit der Auswahl der günstigsten Strukturvariante die Vorgaben der Anforderungsliste erfüllt, so ist der technische Entwurf erarbeitet.

Nach Bestätigung des technischen Entwurfes entspr. Abb. 3 ist daraus die Aufgabenstellung für die einzelnen Funktionskomplexe der Gesamtmaschine wie z. B. für die Gestaltung der Gehäuse, der Gestellteile, der geführten Baugruppen u. a. detaillierter abzuleiten und zu präzisieren. Auf der Grundlage dieser Präzisierung beginnt der arbeitsteilige konstruktive Prozeß.

Eingangsdaten für die Feingestaltung sind die Ausgangsparameter der Struktur- und Dimensionierungsoptimierung der Grobgestaltung. Der Konstrukteur bedient sich in der Phase der Feingestaltung der entsprechenden Konstruktions- und technologischen Regeln, der Erkenntnisse der Formgestaltung, der funktions- und strukturgerechten Speicherdaten, des Speichers physikalischer Grundgesetze und Effekte und seines reichen eigenen Erfahrungsschatzes. Mit der Feingestaltung werden alle Einzelheiten des konstruktiven Entwurfes gestaltet.

Zusammenfassung

Die Verantwortung und Leistungsbreite eines Konstrukteurs für die Entwicklung eines weltmarktfähigen Erzeugnisses leitet sich aus den Regeln und Forderungen für eine herstellungs- und anwendungsgerechte Konstruktion ab. Sein Wirken im

Kollektiv ist entscheidend für den gesellschaftlichen Fortschritt der Erzeugnisentwicklung.

Durch zielgerichtete Forschungsarbeit muß der Konstruktionswissenschaftler in enger Zusammenarbeit mit dem Konstrukteur effektivere Arbeitsweisen beim Streben nach optimalen Lösungen entwickeln und damit Voraussetzungen schaffen, den schöpferischen Anteil im Arbeitsprozeß des Konstrukteurs zu erhöhen.

Beispielhaft werden Methoden und Wege aufgezeigt, wie in der Phase des technischen Entwurfes eine qualitative Verbesserung des Arbeitsergebnisses zu erreichen ist. Die dargestellte veränderte Vorgehensweise zwingt im Konstruktionsprozeß zur Erfüllung nachfolgender zwei Forderungen:

1. Das zu lösende Problem muß in überschaubare Teilaufgaben gegliedert werden.
2. Die Startbedingungen sind so zu wählen, daß mögliche Lösungsvarianten nicht von vornherein ausgeschlossen werden.

Literatur

[1] Jakowlew, A.: Ziel des Lebens. Progreß Moskau.
[2] Opitz, H.: Moderne Produktionstechnik, Stand und Tendenzen. Verlag Girardet 1970.
[3] Hansen, F.: Konstruktionswissenschaft — Grundlagen und Methoden. VEB Verlag Technik, Berlin 1974.
[4] Niemann, G.: Maschinenelemente Bd. I. Verlag Springer 1963.
[5] Leyer, A.: Allgemeine Gestaltungslehre — Maschinenkonstruktionslehre, Heft 2. Birkhäuser Verlag 1966.
[6] Rodenacker, W.: Methodisches Konstruieren. Verlag Springer 1970.
[7] Pahl, G.: Grundregeln für die Gestaltung von Maschinen und Apparaten. Z. Konstruktion 25 (1973), S. 271.
[8] Müller, J.: Probleme der Konstruktionswissenschaft. Z. Maschinenbautechnik 16 (1967), S. 454.
[9] Kretzschmar, G.: Zur rationellen Arbeitsweise des Konstrukteurs bei der Entwicklung, Bewertung, Gestaltung und Dimensionierung von Werkzeugmaschinenstrukturen unter Nutzung der EDV. Forschungsheft Nr. 3 des Wissenschaftlichen Rates des Forschungsprogramms: Ing.wiss. Grundlagen der Konstruktion.
[10] Kretzschmar, G., M. Fuchs und G. Wuttke: Systematische Methoden des Konstruktionsprozesses — am Beispiel der Entwicklung von Werkzeugmaschinen. Z. Maschinenbautechnik 24 (1975), Heft 6, S. 242.
[11] Fuchs, M., und G. Wuttke: Beitrag zur Rationalisierung des konstruktiven Entwicklungsprozesses von Werkzeugmaschinen. Forschungsheft Nr. 3 des wissenschaftlichen Rates des Forschungsprogramms: Ing.wiss. Grundlagen der Konstruktion.
[12] Grossmann, K.: Zur Auswahl eines Verfahrens für die optimale Dimensionierung von Werkzeugmaschinenstrukturen. Forschungsheft Nr. 3 des wissenschaftlichen Rates des Forschungsprogramms: Ing.wiss. Grundlagen der Konstruktion.
[13] Beitz, W.: Bewertungsmethoden als Entscheidungshilfe zur Auswahl von Lösungsvarianten. Z. Konstruktion 24 (1972), S. 493.

Hans Göldner

Probleme der festigkeitsmäßigen Beurteilung tragender Konstruktionen

1. Einleitung

Gebaut wird bereits seit Jahrtausenden; mit der Berechnung von Maschinen auf Festigkeit wurde jedoch erst am Ende des 19. Jahrhunderts begonnen (August Wöhler, Otto Mohr). Probleme gab es dabei sicher zu allen Zeiten. Unsere Epoche erlebt gewaltige Steigerungen der Leistungsparameter von Maschinen und Anlagen. Arbeitsgeschwindigkeit, Drehzahl, Druck, Temperatur werden zur Verbesserung des Wirkungsgrades erhöht. Dabei wird die Frage nach der Verfügbarkeit und Dauerhaftigkeit unter Beachtung von Sicherheit und Materialökonomie verschärft gestellt. Wissenschaft und Technik haben diese komplexe Aufgabe zu lösen.

Berichtet werden soll in diesem Vortrag zu folgenden Problemkreisen: Schädigungstheorie — Idealisierung der realen Bauteilgeometrie — Materialverhalten und analytische Formulierung — Gestalt- und Betriebsfestigkeit — Kurzzeitermüdung — Bruchmechanik. Alle Gebiete können selbstverständlich nur kurz andiskutiert werden. (Es sei an dieser Stelle auch auf frühere Vorträge verwiesen: November 1971 [1] und „Lastannahmen und Materialverhalten" Januar 1975 Klasse Werkstofforschung gemeinsam mit der Sektion Baumaterialien der Bauakademie [2].)

2. Schädigungstheorie

Mit einer Schädigungstheorie soll der Verlauf des Schädigungsprozesses von Bauteilen beschrieben werden. Die Theorie soll angeben, wie der Zustand eines Konstruktionsteiles im Hinblick auf seine Verwendbarkeit zu einem bestimmten Zeitpunkt ist. Die Problematik ist sehr komplex; denn sowohl Konstrukteure als auch Werkstofftechniker, Berechnungsingenieure, Fertigungsingenieure usw. steuern zur Lösung bei. Der Qualitätsumschlag „Verwendbar" in „Unbrauchbar" ist zur Zeit noch stark subjektiv zu verschieben und dem Risiko des Ingenieurs zuzuordnen. Das Übergangsgebiet möglichst einzuschränken und dabei die dialektischen Widerspruchsforderungen „Leichtbau" und „Betriebssicherheit" optimal zu befriedigen ist Anliegen der Grundlagenforschung. Es reicht in der Zukunft nicht aus, statistische Ausfallwahrscheinlichkeiten zu ermitteln, mit einem zulässigen Risiko zu vergleichen, und das Bauteil dabei als „idealisiert" zu betrachten. Nach L. Boltzmann ist der Übergang in einen Zustand höherer Wahrscheinlichkeit durch eine Zunahme der Entropie gekennzeichnet. Das abgeschlossene System Bauteil ist durch seine Bearbeitung auf einen künstlichen „unwahrscheinlicheren" Zustand, der seiner Verwendung entspricht, gebracht worden. Äußere Einflüsse verwandeln das Bauteil asymptotisch in seinen Ausgangszustand, die Entropie steigt, das Bauteil wird geschädigt. (Allerdings kann die Entropiezunahme natürlich nicht als Maß der Schädigung Verwendung finden!)

Zunächst sei das Bauteil näher definiert. Wir wollen als Bauteil ein technisches Gebilde verstehen, das

– durch seine Oberfläche von der Umgebung getrennt
– mit Materie in festem Zustand ausgefüllt ist und
– mit der Umgebung in Wechselwirkung steht.

Diese drei Anstriche – Geometrie, Werkstoff, Belastung – sind stets im Zusammenhang zu sehen; denn sie beeinflussen die Schädigung wesentlich und gleichberechtigt! (An der Sektion Grundlagen des Maschinenwesens Dresden werden Studenten der Fachrichtungen „Angewandte Mechanik", „Konstruktionstechnik" und „Werkstofftechnik" ausgebildet, denen diese Bezüge durch die starke Verflechtung in der Ausbildung vermittelt werden.)

Geometrie, Werkstoff und Last können zu einem zeitabhängigen Beanspruchungsvektor

$$\vec{B}\,(\vec{G}, \vec{W}, \vec{L}, t) \qquad (1)$$

zusammengefaßt werden, der allerdings in jeder einzelnen Komponente noch Streuungen aufweist. Unter dem Lastvektor sollen nicht nur äußere Kräfte und Momente verstanden werden, sondern auch aufgezwungene Formänderungen, Temperaturänderungen, chemische Einflüsse, radioaktive Strahlung u. a. m.

Jede Beanspruchung schädigt das Bauteil, und wir wollen unter Schädigung die momentane Abweichung der Eigenschaften eines Bauteils vom Sollzustand verstehen. Der momentane Schädigungszustand setzt sich aus sämtlichen vorangegangenen akkumulierten Schädigungsanteilen zusammen. Basis für den Ansatz von Schädigungsgesetzen können hier nur phänomenologische Betrachtungen sein, und es wird vorgeschlagen, eine Schädigungskenngröße

$$0 \leqq x \leqq 1 \qquad (2)$$

zu verwenden. Dabei bedeuten die Grenzwerte $x = 0$ den neuwertigen, konstruktiv vorgegebenen Zustand und $x = 1$ das technisch unbrauchbare Gebilde. Zu berücksichtigen sind dabei auch Einflüsse, die vor dem eigentlichen Betriebseinsatz liegen (Montage, Transport, Druckprobe, aber auch Korrosion und Alterung).

Das Versagen ist allgemein gekennzeichnet durch einen Riß oder eine Verformung, die zum Stabilitätsverlust, zum Formschlußverlust oder zur Behinderung benachbarter Bauteile führt. Verschiedene Versagensarten machen die Beschreibung mit einem Schädigungsvektor x mit den Komponenten x_i notwendig. Ein Schädigungszustand zur Zeit t ist aus

$$x(t) = \int \dot{x}\, dt \qquad (3)$$

zu ermitteln, wobei $\dot{x}$ die Schädigungsgeschwindigkeit ist. x ist im allgemeinen positiv, falls nicht das Bauteil durch Wärmebehandlung präpariert oder durch Auftragsschweißen oder Abbohren von Rissen u. ä. kosmetischen Operationen unterworfen worden ist.

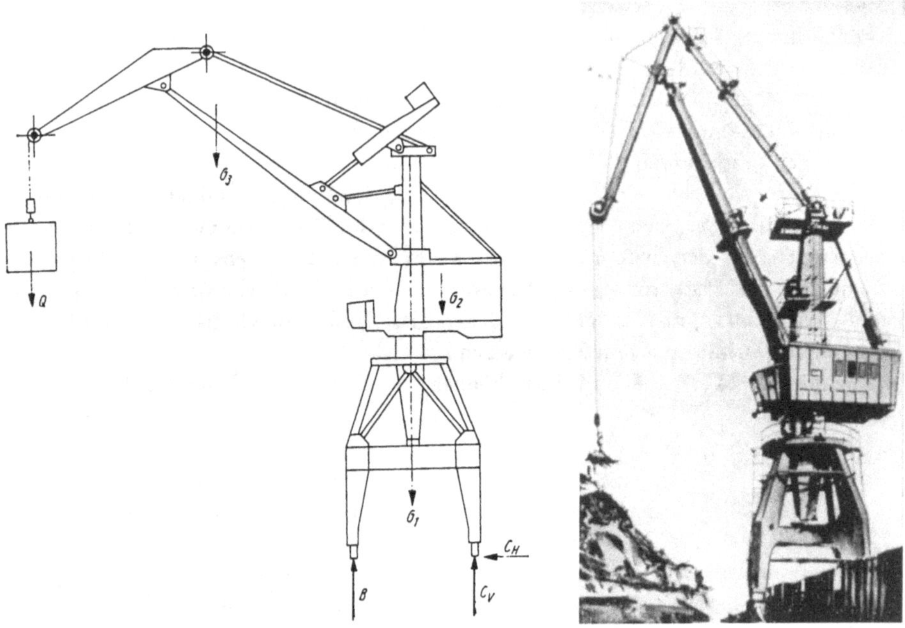

Abb. 1 Berechnungsmodell Kran

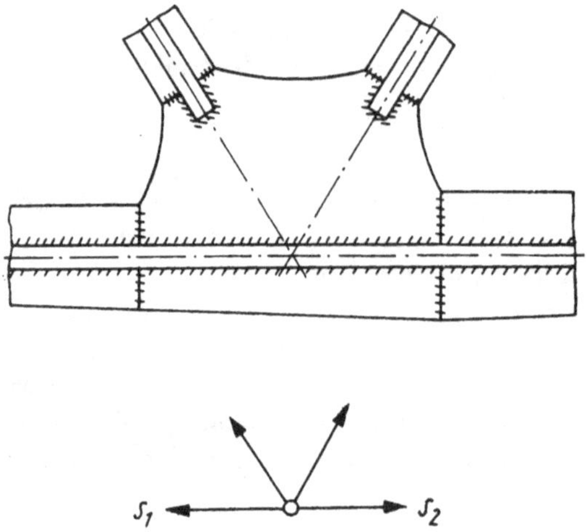

Abb. 2 Fachwerkknoten

Die vorstehend aufgezeigten Einflüsse zu erfassen ist zur Zeit für beliebige Konstruktionen unter allgemeinen Lastregimen unmöglich [3].

3. *Idealisierung der realen Bauteilgeometrie*

Die Mannigfaltigkeit technischer Konstruktionen ist groß, und es ist Aufgabe des Berechnungsingenieurs, das reale Bauteil in ein Berechnungsmodell so zu überführen, daß alle wesentlichen Einflüsse erfaßt werden können. Das Modell wird stets aus den klassischen Grundelementen Stab, Scheibe und Schale aufgebaut sein, und es liegt auf der Hand, daß ein Kran oder auch ein Bandabsetzer aus dem Tagebau einfacher zu modellieren sind, da ihre Elemente fast ausschließlich Stäbe sind, als beispielsweise eine kompakte (berechnungsunfreundliche) Presse. Abb. 1 zeigt die Vorgehensweise am Beispiel Kran. Die Stäbe sind in der Regel durch Knotenbleche verbunden, die, wie in Abb. 2 angegeben, zu einfachen Gelenken idealisiert werden.

4. *Materialverhalten und analytische Formulierung*

Für Metalle bei Raumtemperatur gibt das Spannungs-Dehnungsdiagramm einen ersten Aufschluß über das Verhalten des Werkstoffs im Zugversuch. Für einen Baustahl, einen hochfesten Stahl und eine Aluminiumlegierung ist ein bezogenes Spannungs-Dehnungsdiagramm in Abb. 3 dargestellt. Die analytische Formulierung im linear-elastischen Bereich bereitet keine Schwierigkeiten. Für den Baustahl rechnet man im allgemeinen nach Erreichen der Streckgrenze mit Konstantbleiben der Spannung. Für die beiden anderen Werkstoffe gibt es verschiedene Möglichkeiten zur analytischen Beschreibung des Materialverhaltens, z. B. kann man für ein elastisch-plastisches Materialverhalten mit nichtlinearer Verfestigung formulieren

$$\sigma = E \cdot \varepsilon \qquad \text{für } \sigma < \sigma_{0,2} \tag{4}$$

$$\varepsilon = \sigma_{0,2} \left| \frac{\varepsilon}{\varepsilon_{0,2}} \right|^n \text{sign } \varepsilon \text{ für } \sigma \geqq \sigma_{0,2}$$

n Verfestigungsexponent

Bei Hochpolymeren und Metallen ändert sich bei erhöhten Temperaturen und konstanter Spannung die Dehnung zeitabhängig, das Material kriecht. Die analytische Formulierung ist für den allgemeinen Fall recht kompliziert, und bereits für lineare Viskoelastizität und alterungsfreies isotropes Material muß man für einachsige Zugbelastung z. B. die folgende Darstellung wählen

$$\varepsilon(t) = \int_{-\infty}^{t} K_E(t - \tau) \cdot \frac{\partial \sigma(\tau)}{\partial \tau} \cdot d\tau \tag{5}$$

$K_E(t)$ Kriechfunktion

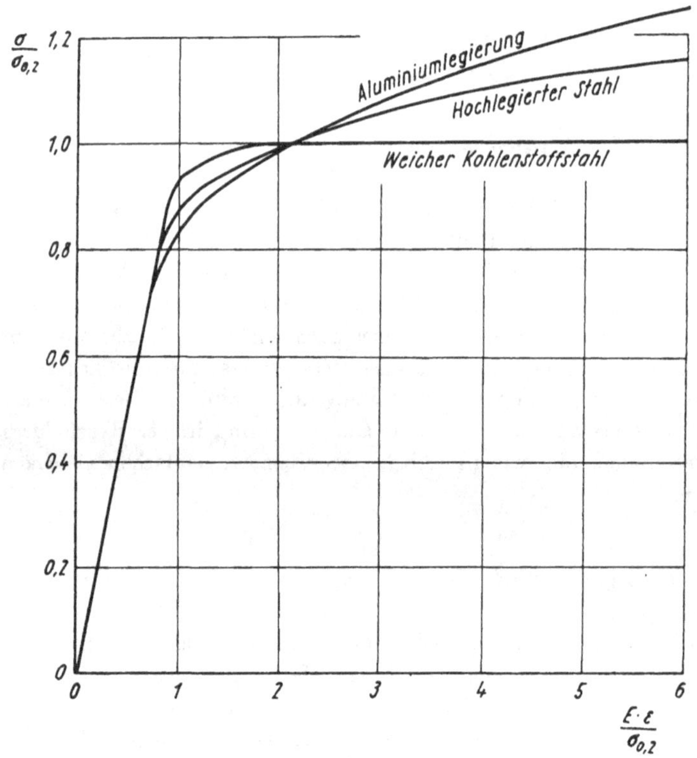

Abb. 3 Bezogenes Spannungs-Dehnungsdiagramm

Die Umkehrung hierzu lautet

$$\sigma(t) = \int_{-\infty}^{t} R_E (t - \tau) \frac{\partial \varepsilon(\tau)}{\partial \tau} \cdot d\tau \tag{6}$$

R_E (t) Relaxationsfunktion

wobei gilt

$$\frac{d}{dt} \int_{0}^{t} K_E (t - \tau) R_E (\tau) \cdot d\tau = 1 \tag{7}$$

Bei den Formulierungen elastisch, plastisch, viskoelastisch und viskoplastisch handelt es sich ebenfalls um Idealisierungen des Werkstoffverhaltens! Es wird dabei nur die Eigenschaft erfaßt, die besonders hervortritt, obwohl eine Überlagerung der einzelnen „Komponenten" zumindest im Mikrobereich stets auftritt.

Mit dem Zugversuch liegt ein einachsiger Spannungszustand vor. Im konkreten Falle handelt es sich im allgemeinen um mehrachsige Spannungszustände, und der Werkstoff kann sich unter diesen Bedingungen völlig anders verhalten; z. B. kann ein Werkstoff, der im Zugversuch ein ausgeprägtes Fließgebiet zeigt, mehrachsig belastet durchaus spröd brechen. Eine ganz grobe Abschätzung zum Spröd- und Zähbruchverhalten kann in Verbindung mit der Brucheinschnürung gegeben werden, wie das in Abb. 4 dargestellt worden ist.

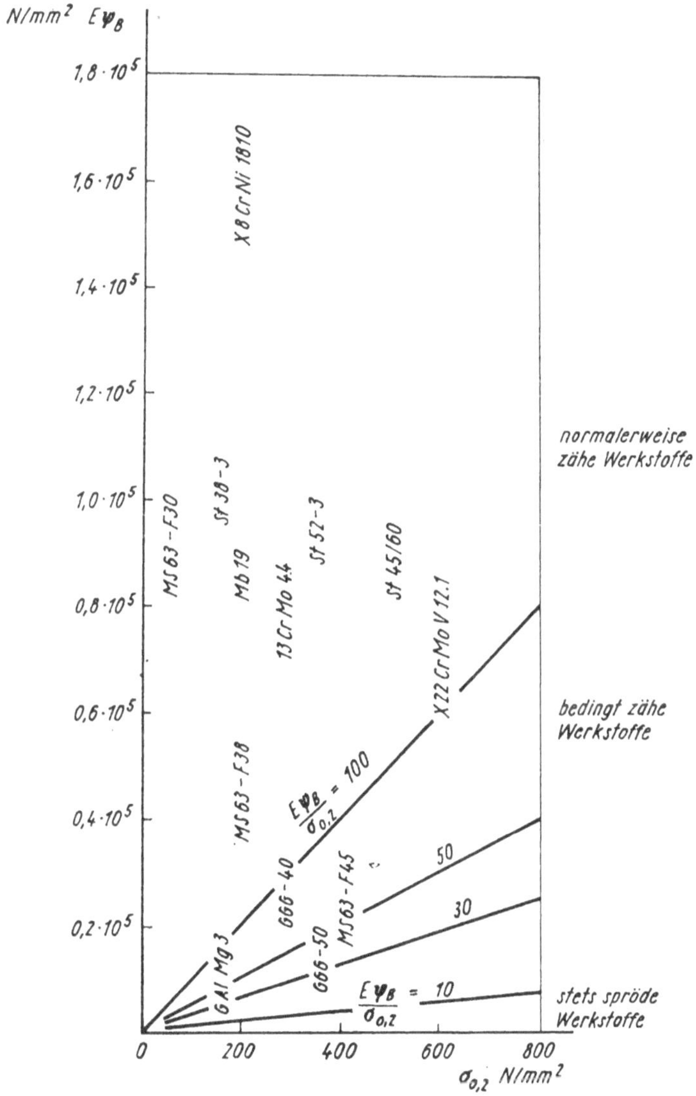

Abb. 4 Darstellung des Spröd-Zähbruchverhaltens

Mit der Mehrachsigkeitszahl M lassen sich die Verhältnisse etwas besser, aber noch keinesfalls zufriedenstellend beschreiben. M ist definiert durch

$$M = \frac{\sigma_v}{\sigma_1} = \frac{\text{Vergleichsspannung}}{\text{größte Hauptspannung}}$$

woraus sich z. B. nach der Gestaltänderungsenergiehypothese ergibt

$$M = \sqrt{1 + \left(\frac{\sigma_2}{\sigma_1}\right)^2 + \left(\frac{\sigma_3}{\sigma_1}\right)^2 - \frac{\sigma_2\sigma_3}{\sigma_1^2} - \frac{\sigma_2}{\sigma_1} - \frac{\sigma_3}{\sigma_1}} \tag{8}$$

Für $\sigma_2 = \sigma_3 = 0$ wird $M = 1$ (Zug), $\sigma_1 = \sigma_2 = \sigma_3$ gilt $M = 0$ (allseitiger Zug).

Für M_{krit} fällt die Streckgrenze mit der Bruchfestigkeit zusammen und es besteht auch bei im Zugversuch duktilem Materialverhalten Sprödbruchgefahr (Abb. 5) [4].

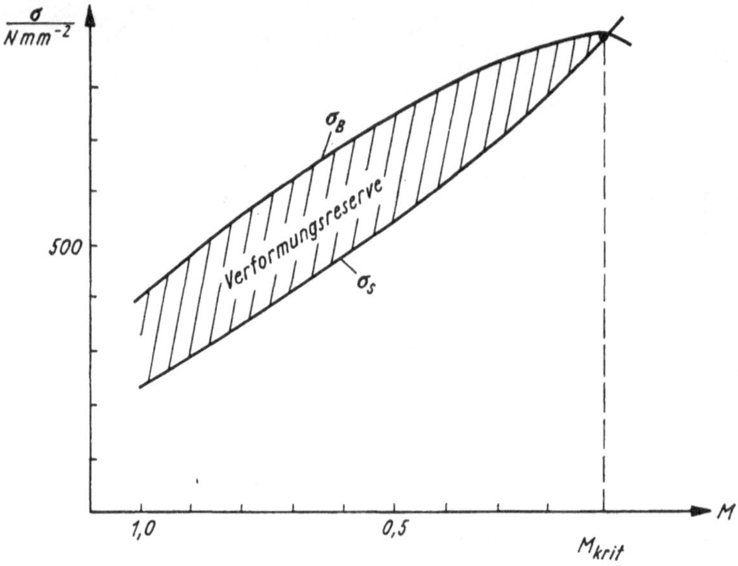

Abb. 5 Einfluß der Mehrachsigkeit auf Bruchfestigkeit und Steckgrenze

5. Gestalt- und Betriebsfestigkeit

Die Probestäbe, mit denen im Zugversuch gearbeitet wird, sind genormt. Sie gewährleisten über der Meßlänge einen einachsigen Spannungszustand, und die ermittelten Kennwerte werden bei statischer Belastung gewonnen. 80% aller Bauteile im Maschinenbau sind jedoch dynamisch belastet, und die Beanspruchungsarten (Zug, Biegung, Torsion, Schub) treten komplex auf. Richtlinien für die Vorgehensweisen bei der Dimensionierung auf Dauerschwingfestigkeit sind im DDR-Standard TGL 19 340 zusammengefaßt, und es kann hier nur knapp auf einige Probleme hingewiesen werden. Plötzliche Querschnittsänderungen führen zu Spannungsspitzen, die elastizitätstheoretisch in vielen Fällen analytisch erfaßt werden können. Als Formzahl oder Kerbfaktor wird dabei die werkstoffunabhängige Größe

$$\alpha_k = \frac{\text{maximale Spannung}}{\text{Nennspannung}} > 1$$

eingeführt. Zum Beispiel ergibt sich für ein elliptisches Loch im Zugfeld (Abb. 6)

$$\alpha_{kz} = 1 + 2\,\frac{a}{b} = 1 + 2\,\sqrt{\frac{a}{\varrho}} \tag{9}$$

Für a = b = ϱ (Kreis) wird $\alpha_{kz} = 3$, für $b \to 0$ oder $\varrho \to 0$ (Riß) gilt $\alpha_{kz} \to \infty$.

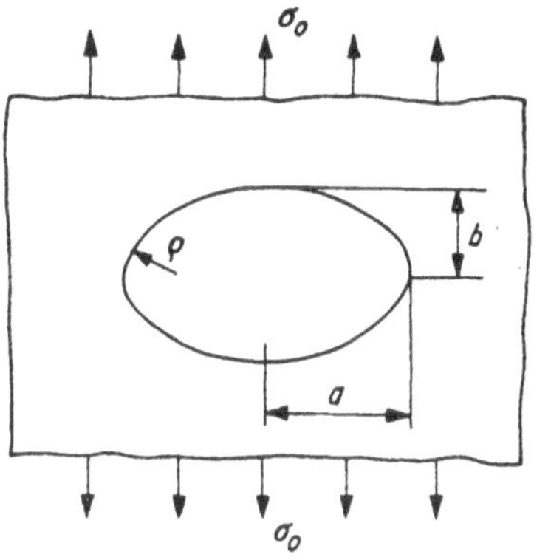

Abb. 6 Elliptisches Loch im Zugfeld

Der letzte Fall ist mit der Kontinuumsmechanik nicht verträglich. Für kleine ϱ wurden Überlegungen zur Makro- und Mikrostützwirkung angestellt, und es wurde ein Ersatzkerbradius ϱ^* eingeführt [5]. Die Kerbwirkungszahl β_k enthält neben der Form des Kerbs auch noch Beanspruchungsart und -charakter, Werkstoffeigenschaft und Spannungsgefälle. Sie ist definiert durch.

$$\beta_k = \frac{\text{Dauerfestigkeit der ungekerbten Probe}}{\text{Dauerfestigkeit der gekerbten Probe}}$$

und könnte errechnet werden aus

$$\beta_k = \frac{\alpha_k}{1 + \sqrt{\varsigma^*\,\chi^*}} \quad \text{oder} \quad \beta_k\,\frac{\alpha_k}{n} \tag{10}$$

Dabei ist das bezogene Spannungsgefälle

$$\chi^* = \frac{\left(\frac{d\sigma_z}{dy}\right)_{\max}}{\sigma_{z\,\max}} \tag{11}$$

z. B. für Biegung (Abb. 7)

$$\sigma_z = \frac{M_b}{I}\,y,\ \sigma_{z\,\max} = \frac{M_b}{I}\cdot\frac{h}{2},\ \chi^* = \frac{h}{2}$$

n ist die sogenannte Stützziffer. Sie ist von der Streckgrenze und dem Spannungsgefälle χ^* abhängig (Abb. 8).

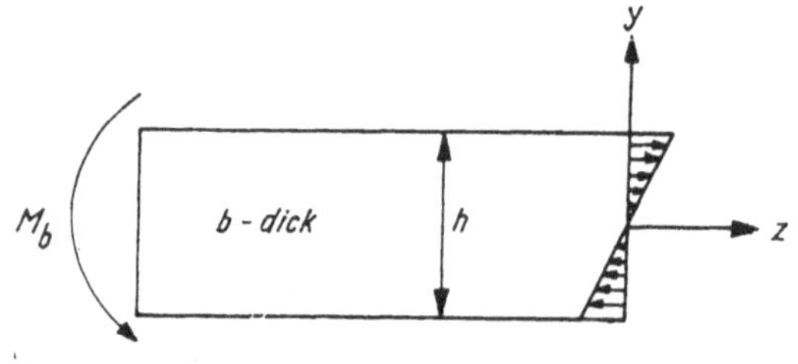

Abb. 7 Spannungsverteilung bei Biegung

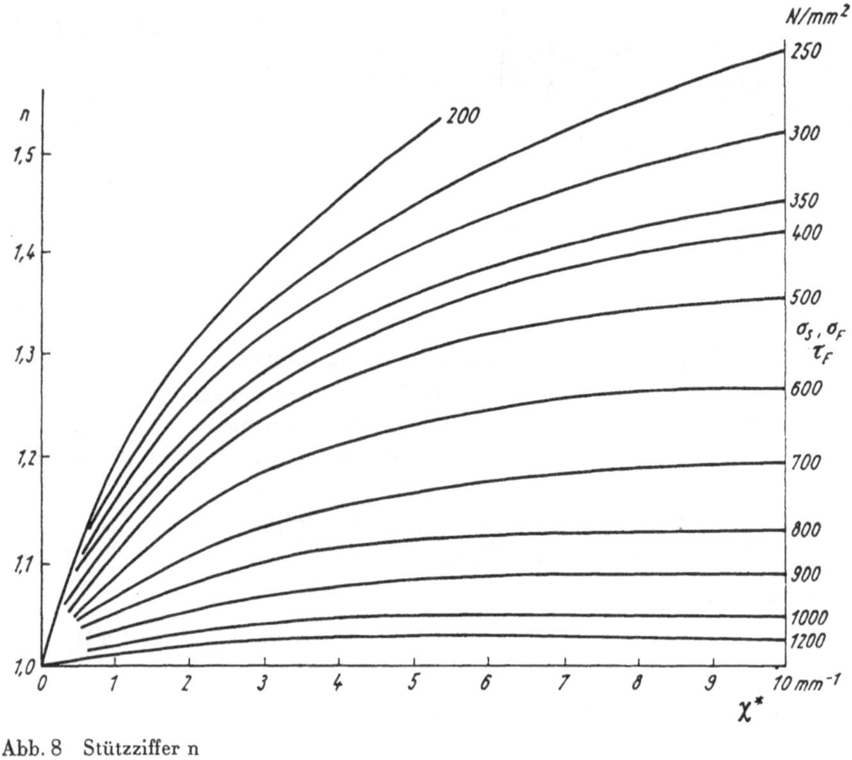

Abb. 8 Stützziffer n

Die Wechselfestigkeit eines gekerbten Bauteiles (Gestaltfestigkeit) erhält man aus der Wechselfestigkeit des glatten Probestabes über den Gesamteinflußfaktor

$$\sigma_{wk} = \frac{\sigma_w}{\gamma}$$

dabei errechnet sich γ aus

$$\gamma = \frac{\beta_k}{k \cdot o_F \cdot q \cdot a_i} \tag{12}$$

mit k Größeneinflußfaktor $(0{,}4 < k < 1)$
o_F Oberflächeneinflußfaktor $(0{,}5 < o_F < 1)$
q Querschnittfaktor $(0{,}8 < q < 1)$
a_i Anisotropiefaktor $(0{,}75 < a_i < 1)$

Bis auf o_F sind alle Faktoren auch noch von der Beanspruchungsart abhängig! Häufig ist in die Dauerfestigkeitsschaubilder die durch γ abgeminderte Wechselfestigkeit mit eingetragen. Zu beachten ist aber, daß die Gestaltfestigkeit keine reine Werkstoffkenngröße ist!

Aus Abb. 9 ist zu entnehmen, daß eine Steigerung der statischen Festigkeit im Wechsellastgebiet keine Vorteile bringt. Bei geschweißten Konstruktionen tritt dieser Effekt besonders ungünstig in Erscheinung.

Weitere Probleme treten bei der Überlagerung einzelner Beanspruchungsarten unterschiedlichen Beanspruchungscharakters auf (Zug, Biegung, Torsion — statisch, wechselnd)!

Betrachtungen der Dauerschwingfestigkeit im üblichen Sinne werden für determinierte Schwingspiele angestellt, d. h. Spannungsmittelwert σ_m und Spannungsausschlag σ_a sind zu jeder Zeit bekannt. Diese Annahmen treffen z. B. für Druck- und Verpackungsmaschinen zu. Im Fahrzeugbau, bei Baggern usw. sind die auftretenden Lasten in ihrer zeitlichen Verteilung nicht determiniert. Über Meßschriebe ist deren stochastische Verteilung zu erfassen, mittels Klassiermethoden auszuwerten und in Lastkollektiven nach unterschiedlicher Gefährlichkeit zu ordnen. Bei diesen Problemen der Betriebsfestigkeit sind Experiment und Theorie eng zu verknüpfen, um die Fragen nach der Zuverlässigkeit und Überlebenswahrscheinlichkeit von Maschinen und Anlagen beantworten zu können. Es sei an dieser Stelle mit erwähnt, daß natürlich nicht nur die Belastung nicht determiniert ist. Auch die Werkstoffkennwerte und die Bauteilabmessungen streuen und werden in Zukunft in ihrer statistischen Verteilung erfaßt werden müssen.

6. Probleme der Kurzzeitermüdung

Während es im 5. Abschnitt um Lastwechselzahlen in der Größenordnung 10^6 und mehr geht, muß auch durch den sogenannten Aussetzerbetrieb der Bereich einiger tausend Lastwechsel mit Lastspitzen jenseits der Streckgrenze untersucht werden. Dazu müssen die Kenntnisse über Verformung und Bruch auch in diesem Bereich erweitert werden, und es müssen verbesserte Bruchkriterien aufgestellt werden, die neben einer genaueren Berücksichtigung des Spannungszustandes auch die Belastungsvorgeschichte erfassen. Im Rahmen der Grundlagenforschung der Haupt-

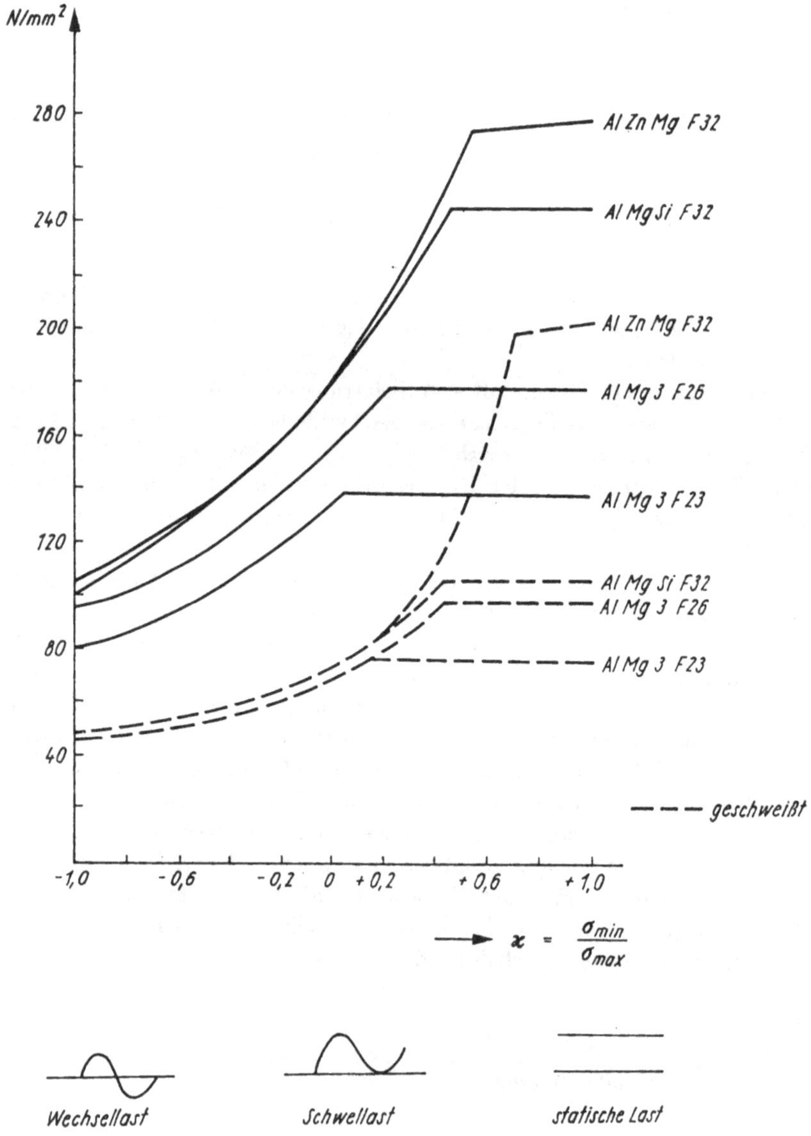

Abb. 9 Bruchfestigkeit in Abhängigkeit des Spannungsverhältnisses

forschungsrichtung „Festkörpermechanik" sind dazu Untersuchungen durchgeführt worden [6]. Ziel der Arbeiten ist es, die bei zyklischer Verformung beobachteten Phänomene in einem Stoffgesetz zu beschreiben. Folgende Erscheinungen sind zu untersuchen und analytisch zu formulieren:

1. Bauschingereffekt (Abb. 10). Bei Umkehr der Belastungsrichtung wird bei allen Metallen eine Erniedrigung der Streckgrenze festgestellt. Dieser Effekt ist durch Gleitvorgänge in den Kristallen zu erklären, die durch Versetzungshemmungen Gegenspannungen aufbauen und bei Belastungsumkehr früheres Fließen bewirken.

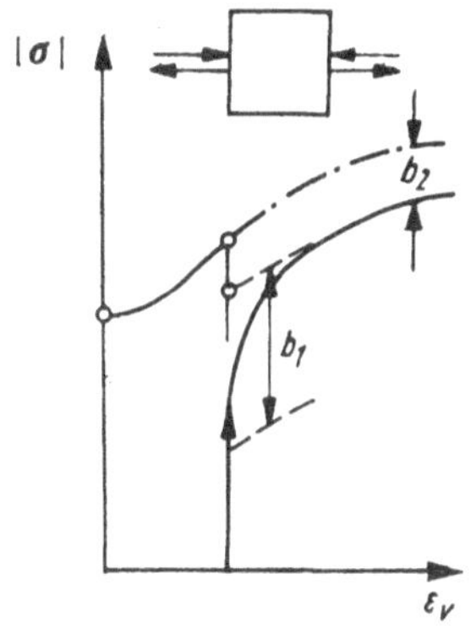

Abb. 10 Bauschingereffekt

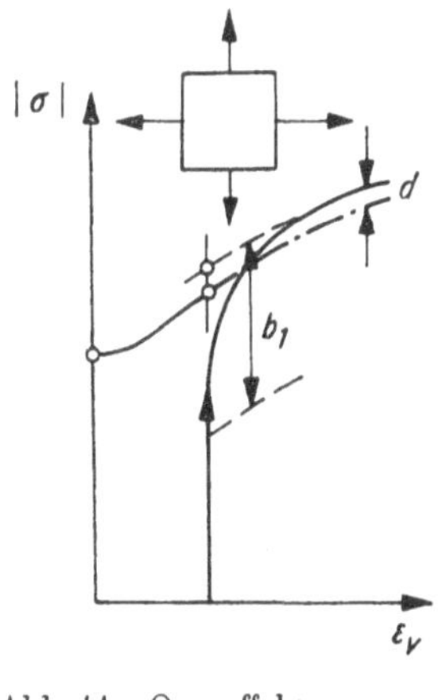

Abb. 11 Quereffekt

2. Relaxationseffekt. Bei unsymmetrischen Verformungszyklen nehmen die Unterschiede in den Spannungsspitzen mit wachsender Zyklenzahl ab.

3. Schlupfeffekt. Bei größeren Verformungen verringert sich die Spannungsdifferenz eines Zyklus. Die Hystereseschleife nähert sich einem Sättigungszustand.

4. Quereffekt (Abb. 11). Werden aus vorgereckten Primärproben in verschiedenen Richtungen Sekundärproben herausgeschnitten und erneut belastet, so werden unterschiedliche Fließspannungserhöhungen festgestellt.

Die Beschreibung des Materialverhaltens für beliebige Zug-Druck-Lastgeschichte kann mit dem von Backhaus formulierten Gesetz erfolgen.

$$|\sigma_F(\varepsilon_v)| = k_f(\varepsilon_{vw}) - 2(-1)^n \sum_{s-1}^{n} (-1)^s Z(\varepsilon_{v,s})\, k_f(\varepsilon_{vw,s}) \cdot \varphi(\varepsilon_v - \varepsilon_{v,s})$$

Mit 2Z $(\varepsilon_{v,s})$ Bauschingerkennzahl

k_p Fließkurve

ε_v plastische Vergleichsdehnung

ε_{vw} wirksame plastische Vergleichsdehnung

$\varepsilon_{v,s}$ plastische Vergleichsdehnung am s-ten Wechsel der Verformungsrichtung

$$\varphi(\varepsilon_v - \varepsilon_{v,s}) = \varphi_0 + \varphi_1\, e^{-\varkappa(\varepsilon_v - \varepsilon_{v,s})q}$$

$$\varphi_0, \varphi_1, \varkappa, q$$

Für $\frac{\varepsilon_{v,1}}{\triangle\varepsilon_v} < 5$ wurden die Konstanten ermittelt und Versuch und Ansatz (13) stimmten gut überein. Weitere Untersuchungen zum Relaxationseffekt und bei Überlagerung von Zug, Biegung und Torsion müssen erfolgen.

7. *Bruchmechanik*

Die klassische Dimensionierung von tragenden Stahlkonstruktionen im elastischen Bereich wird so vorgenommen, daß eine errechnete Spannung oder eine über eine der Hypothesen aus einem mehrachsigen Spannungszustand umfunktionierte „Vergleichsspannung" mit der Werkstoffkenngröße Streckgrenze verglichen wird. Dabei wird theoretisch an keiner Stelle der Konstruktion die Fließgrenze erreicht. Homogenes und isotropes Material wird vorausgesetzt. Bei Traglastberechnungen unterstellt man, daß im ganzen Querschnitt die Streckgrenze erreicht werden darf. Bei statisch unbestimmten Problemen und bei Bauteilen mit über dem Querschnitt stark veränderlicher Spannungsverteilung kann damit die Belastung beträchtlich gesteigert werden. Gewisse Sicherheiten sind dadurch vorhanden, daß die Verfestigung des Materials über der Streckgrenze nicht mit in der Rechnung erfaßt wird.

Die Konzeption „Bruchmechanik" setzt von vornherein ein geschädigtes Bauteil voraus. Spannung und Rißlänge bilden hier eine zur Beurteilung zu verwendende Größe. Im Falle der linearelastischen Bruchmechanik (LEBM), die nur für höchstfeste Werkstoffe Anwendung finden darf, wird ein Spannungsintensitätsfaktor mit der Werkstoffkenngröße Bruchzähigkeit verglichen. Die Bruchzähigkeit K_{Ic} ist an dicken Proben so zu ermitteln, daß ein ebener Formänderungszustand über weite Probenbereiche garantiert ist (Abb. 12). Die Spannungsintensitätsfaktoren werden nach den Rißöffnungsarten I, II, III unterschieden (Abb. 13). Für die einfache Konfiguration „unendliche Scheibe mit Innenriß" (Abb. 14) erhält man z. B. den Wert

$$K_I = \sigma_0 \sqrt{\pi_\alpha}$$

Probleme treten hier bei der Beurteilung der „unendlichen" Spannungen vor der Rißspitze, die zur Plastifizierung führen, auf. Verschiedene Rißöffnungsmodelle werden vorgeschlagen. Für hoch- und mittelfeste Werkstoffe ist die Fließbruchmechanik auszubauen.

Ferner ist es problematisch, einzelne Rißkonfigurationen zu überlagern. Ein Riß ist im allgemeinen nicht entsprechend den Rißöffnungsarten orientiert, und schon die Beurteilung der Rißausbreitung eines schrägen Risses (Abb. 15) wird heftig diskutiert.

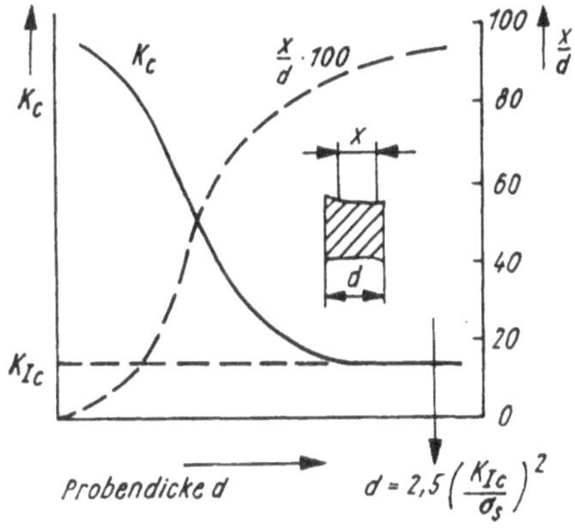

Abb. 12 Bruchzähigkeit

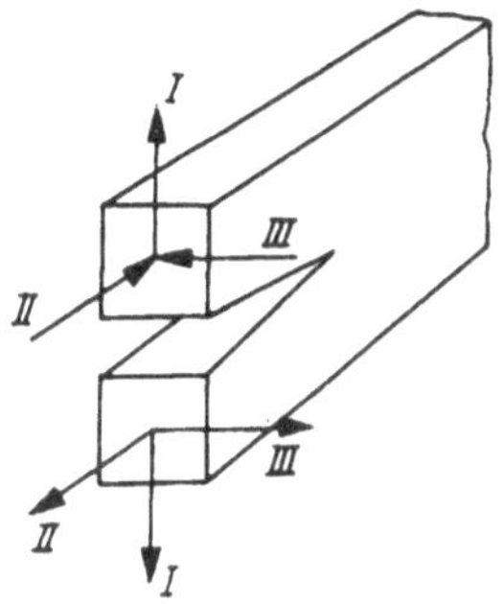

Abb. 13 Rißöffnungsarten

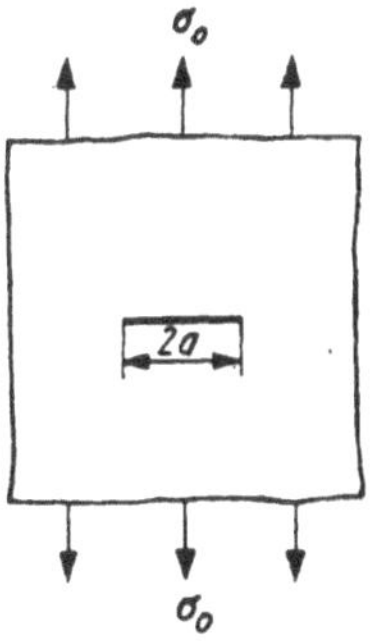

Abb. 14 Innenriß

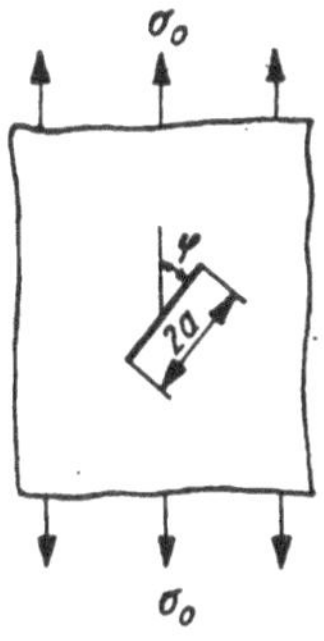

Abb. 15 Schräger Riß

8. *Zusammenfassung*

Die bessere Ausnutzung von Werkstoff und Energie bei gleichzeitiger Erhöhung der Zuverlässigkeit unserer Konstruktionen zwingen Wissenschaft und Technik zu immer neuen Überlegungen. Die vorstehend aufgelisteten Probleme könnten allerdings bei manchen Konstrukteuren Unsicherheiten und die Frage nach dem Sinn einer Festigkeitsberechnung überhaupt aufkommen lassen. Wenn man die Geschichte des Bauens und Konstruierens verfolgt, so ist allerdings die Antwort eindeutig: es lohnt sich stets die z. Z. vorhandenen Erkenntnisse anzuwenden, gleichzeitig aber auch in der Grundlagenforschung nach neuen Erkenntnissen zu suchen.

Die imposanten Bauten des Altertums (Pyramiden, Ischtar-Tor, Pantheon) sind statische Bauwerke. Materialverhalten und Materialökonomie spielten beim Bau keine Rolle. Erst GALILEI befaßte sich „mit der Anordnung der Materie im Körper" zur Erhöhung der Festigkeit. Mit HOOKE (ut tensio sic vis) wurde es möglich, die linear-elastische Werkstoffeigenschaft zu beschreiben, und damit können seit 300 Jahren auch die Spannungen und Verformungen eines gebogenen Balkens ermittelt werden. Wie sehr aber das „Probieren geht über Studieren" noch verwurzelt war, zeigt, daß TREDGOLD noch um 1800 formulierte „Die Stabilität eines Bauwerkes ist umgekehrt proportional zur Gelehrsamkeit seines Baumeisters!"

Die Elastizitätstheorie entwickelte sich im 19. Jahrhundert, aber ihre ersten Anwendungen im Maschinenbau erfolgten nur zögernd. Wenn man auch mit verfeinerten Meßmethoden belegen kann, daß es streng überhaupt kein linear-elastisches Materialverhalten gibt, so wäre es doch schon wesentlich, wenn die gesicherten Erkenntnisse dieser Elastizitätstheorie, die für viele Bereiche der Technik gut mit den Beobachtungen übereinstimmen, zur Dimensionierung aufgegriffen würden.

Das Beschreiben des Materialverhaltens jenseits der Streckgrenze ist für die Beherrschung von Umformprozessen unerläßlich, liefert aber auch dem Berechnungsingenieur Möglichkeiten, das Tragvermögen besser auszuschöpfen, und von den fortschrittlichen Industriezweigen werden Traglastberechnungen bereits zugelassen.

Die Betriebsfestigkeitsstandards werden laufend komplettiert. Gerade auf diesem Gebiet ist es unerläßlich, eng zwischen Werkstoffwissenschaftlern, Festkörperphysikern und Berechnungsingenieuren im Experiment und in Theorie zusammen zu arbeiten. Ähnliches gilt für die Kurzzeitermüdung und die Bruchmechanik. Diese drei Problemkreise sind, wie die Flut von Veröffentlichungen zeigt, noch in starker Entwicklung.

Literatur

[1] GÖLDNER, H.: Berechnungsmethoden in der Festkörpermechanik, in: Konstruktionswerkstoffe, Sitzungsberichte der AdW der DDR 3 N/1975, S. 92–103.

[2] GÖLDNER, H., u. H. PROCHNOW: Materialverhalten und Lastannahmen im Maschinenbau, in: Beiträge zum Problemkreis Werkstoffbeanspruchung – Werkstoffcharakterisierung. Sitzungsberichte der AdW der DDR 8 N/1977.

[3] SEIFERT, W.: Ein Beitrag zur Schädigungsdefinition bei quasistatischer Zug-Druck-Beanspruchung. Dissertation TU Dresden 1977.

[4] NEUMANN, A.: Nutzungsgerechtes Bauen im Stahl- und Stahlverbundbau. Vortrag Dresden 1975.

[5] NEUBER, H.: Konstruktion 20 (1968) S. 245–251.

[6] BACKHAUS, G., u. H. GÖLDNER: Jahresabschlußberichte zum Thema „Stoffgesetze und Bruchkriterien metallischer Werkstoffe". TU Dresden unveröffentlicht.

[7] BLUMENAUER, H., u. G. PUSCH: Bruchmechanik. Verlag für Grundstoffindustrie 1973.

Udo König

Probleme der technischen Zuverlässigkeitsforschung unter materialökonomischen Gesichtspunkten

1. Einleitung

Die Verbesserung der Erzeugnisqualität ist unter sozialistischen Produktionsverhältnissen eine wesentliche Quelle für die ständig zunehmende bessere Befriedigung der materiellen und kulturellen Bedürfnisse der gesamten Gesellschaft. Steigende Erzeugnisqualität ist deshalb als Ausdruck gesellschaftlichen Fortschritts zu betrachten. Sie kommt in ihrem volkswirtschaftlichen Effekt steigender Produktivität gleich.

Ihre große Bedeutung wird allein schon daraus sichtbar, daß in Industrieländern etwa 2 bis 5% des Nationaleinkommens jährlich durch mangelhafte Erzeugnisqualität verloren gehen. Nach Untersuchungen sowjetischer Experten nähert sich in diesen Ländern die Anzahl der in Reparaturbetrieben der metallverarbeitenden Industrie Beschäftigten immer mehr der Gesamtzahl der Maschinenbauer und übertrifft sie in einzelnen Fällen sogar. Reparaturen binden jedoch nicht nur Arbeitskräfte, sondern erfordern zusätzliche Materialaufwände. Die daraus resultierende objektiv notwendige Qualitätssteigerung ist auf alle Teileigenschaften der Qualität, aber besonders auf die Zuverlässigkeit zu richten, denn gerade mit ihr werden die volkswirtschaftlichen Verluste beeinflußt.

Als Zuverlässigkeit ist dabei die Wahrscheinlichkeit definiert, daß an einem Erzeugnis während einer bestimmten Zeitdauer unter angegebenen Betriebs-, Funktions- und Umgebungsbedingungen kein Ausfall eintritt. Nach dem DDR-Standard „Zuverlässigkeit in der Technik“ wird die Zuverlässigkeit quantifiziert durch Kennziffern der Langlebigkeit, Fehlerfreiheit, Reparaturfähigkeit sowie Lager- und Transportfähigkeit.

Die Bedeutung der Zuverlässigkeit hat sich in den vergangenen Jahren ständig erhöht. Dafür sind u. a. folgende Gründe maßgebend:

- die Tendenz zu größeren Maschinen und Anlagen,
- höhere zeitliche Auslastung von Produktionseinrichtungen,
- steigende Anzahl der verwendeten Bauteile und Baugruppen, verbunden mit größerer Komplexität und Kompliziertheit,
- Zunahme der Energiedichte, z. B. in Chemieanlagen,
- höhere Ausnutzung der Werkstoffe.

Obwohl bei Schäden an Produktionsmitteln infolge der Produktionsausfälle das Verhältnis von Gesamtschaden zu Sachschaden zum Teil den Wert 100 : 1 überschreitet, sind doch in der Mehrzahl bereits die Sachschäden beträchtlich. Da in der Volkswirtschaft der DDR allein für die Ersatzproduktion etwa 3000 t Stahl pro Arbeitstag verbraucht werden — das sind 13% des Gesamtverbrauchs — und die Materialkosten im Durchschnitt 60% der Erzeugnisselbstkosten ausmachen, bei Normteilen sogar bis 90%, muß der Zuverlässigkeitssteigerung auch aus der Sicht der Materialökonomie große Beachtung geschenkt werden.

So gesehen. sind Maßnahmen zur Verbesserung der Zuverlässigkeit auch als Mittel zur Erhöhung der Materialökonomie zu betrachten. Die technische Zuverlässigkeitssicherung ist eine wissenschaftlich-technische Querschnittsaufgabe, deren Bearbeitung mindestens im gleichen Tempo wie die den technischen Fortschritt bestimmenden Wissenschaften betrieben werden muß.

Da auf einigen Teilgebieten der technischen Zuverlässigkeit noch ein Nachholebedarf besteht gegenüber anderen Bereichen, wie z. B. der Qualitätssicherung, sind kurzfristig systematische Forschungsarbeiten notwendig, deren Ergebnisse in unmittelbarer Zukunft praxiswirksam werden müssen.

Wichtige Forschungsschwerpunkte der technischen Zuverlässigkeitssicherung sind

1. Erforschung der chemisch-physikalischen Ausfallursachen
2. Methoden zur Ermittlung der Betriebsbelastungen
3. Prüfmethoden und Normprüfverfahren
4. Zuverlässigkeitsanalysen von Systemen
5. Redundanztheorie
6. Methoden der technischen Diagnostik
7. Methoden zur systematischen Durchführung von Wartung und Instandhaltung.

Im folgenden wird auf einen Teil der genannten Komplexe u. a. an Hand von Forschungsergebnissen des Instituts für Leichtbau und ökonomische Verwendung von Werkstoffen (IfL) ausführlicher eingegangen.

2. *Zur Erforschung der Ausfallursachen*

Setzen wir das Erzeugnis als so weit technisch ausgereift voraus, daß das Funktionsprinzip richtig ausgewählt ist, die Dimensionierung den Belastungen entspricht, die Qualitätsparameter am Anfang der vorgesehenen Lebensdauer eingehalten sind, so treten doch während der Nutzung Ausfälle auf, die zum größten Teil auf die vier wichtigsten Ausfallursachen

- Verschleiß
- Korrosion
- Ermüdung und
- Alterung

zurückzuführen sind.

Diese vier Ausfallursachen treten in den vielfältigsten Erscheinungsformen auf, häufig auch kombiniert, und müssen gründlich erforscht werden. Alle vier genannten Ausfallursachen sind jedem Ingenieur geläufig und vertraut und stellen doch im

Hinblick auf die Zuverlässigkeit, auf die gesicherte Vorausberechnung des Verhaltens technischer Erzeugnisse hohe Anforderungen an Wissen und Können der Wissenschaftler und Techniker und sind noch mit manchem ungelöstem Problem verknüpft.

Verschleiß

Die volkswirtschaftlichen Verluste durch Verschleißerscheinungen sind in den Industrieländern außerordentlich hoch. In der DDR betragen sie einige Milliarden Mark pro Jahr.

Einige Beispiele von Verschleißerscheinungen in verschiedenen Wirtschaftszweigen sollen das belegen:

- In der Braunkohlenindustrie der DDR wurden 1964 allein für Bagger und Absetzer 14 000 t Verschleißteile eingesetzt.
- Beim Pflügen gehen jährlich 600 t Stahl durch Verschleiß der Pflugschare in den Boden über.
- Bei Transportmitteln der Deutschen Reichsbahn betrugen 1967 die durch Verschleiß verursachten Kosten 720 Millionen Mark, das sind 40% der jährlichen Instandhaltungskosten.

In Abb. 1 wird gezeigt, welch relativ große Materialmengen im Laufe der Nutzungsdauer eines vierachsigen Schnellzugwagens verloren gehen. 56% des Materialaufkommens werden für die Bremssohlen verbraucht, auf die bei momentaner Betrachtung nur knapp 1% der Masse des Wagens entfällt.

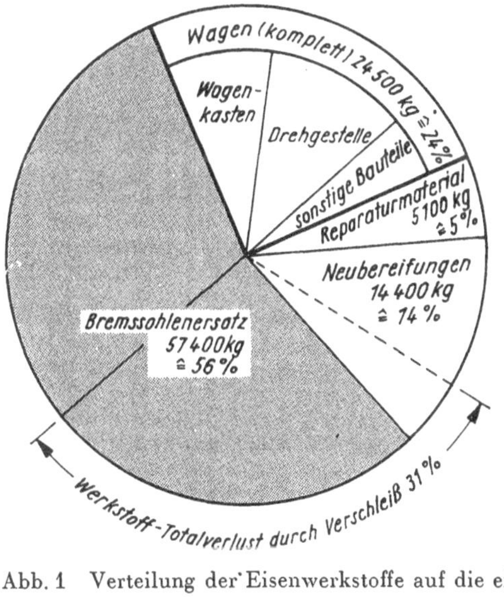

Abb. 1 Verteilung der Eisenwerkstoffe auf die einzelnen Baugruppen eines vierachsigen Schnellzugwagens [1]

Die technisch-physikalischen Ursachen des Verschleißes sind vielgestaltig und zur Zeit noch wenig erforscht. Einflußgrößen auf die Höhe des Verschleißes sind die Werkstoffpaarung, die Schmierungsart bzw. der Zwischenstoff, die Flächenpressung und die Gleitgeschwindigkeit sowie die Oberflächengestaltung und -bearbeitung. Für die Auslegung von Lagern und anderen verschleißenden Teilen in Maschinen gibt es zur Zeit lediglich eine Vielzahl von methodischen Hinweisen, ein ausgereiftes Berechnungsverfahren für die Vorausberechnung des Verschleißverhaltens existiert nicht.

Fachleute schätzen ein, daß die Beherrschung der Ausfallursache Verschleiß gegenüber Festigkeit und Korrosion deutlich zurückgeblieben ist.

Zur Senkung der hohen Verluste durch Verschleiß ist zielgerichtet Forschungsarbeit vor allem in zwei Richtungen zu leisten:

1. Technisch-physikalische Verschleißursachen müssen erforscht, Möglichkeiten zur Senkung des Verschleißes erarbeitet und Berechnungsverfahren für Verschleißteile aufgestellt werden. Auf eine möglichst rasche und verbindliche Überleitung der Forschungsergebnisse in die industrielle Praxis ist dabei besonders zu achten.

2. Die Tribotechnik als Teilgebiet der Technik, das sich aller Mittel und Verfahren zur Reibungs- und Verschleißminderung bedient, muß in die Kette Konstruktion — Fertigung — Betrieb (d. h. Instandhaltung) von technischen Arbeitsmitteln einbezogen werden. Dafür sind entsprechende materielle und personelle Voraussetzungen notwendig.

Große Aufmerksamkeit ist dabei dem Mineralgleitverschleiß an im Boden arbeitenden Werkzeugen zu schenken. Wie die genannten Zahlen verdeutlichen, ist der Werkstoffverlust infolge des Mineralgleitverschleißes außerordentlich hoch. Möglichkeiten zur Verminderung des Mineralgleitverschleißes sind noch weitgehend unerforscht.

Korrosion

Die Korrosion ist ein wesentlicher Faktor für die Gebrauchswertminderung von technischen Erzeugnissen im Laufe ihrer Nutzung. Wenn das Erzeugnis nur der korrodierenden Wirkung der Atmosphäre ausgesetzt ist, nimmt die Korrosion einen langsamen, im allgemeinen sichtbaren Verlauf und führt deshalb bei entsprechender Kontrolle nicht zu unerwarteten Ausfällen, da vorher Reparaturmaßnahmen eingeleitet werden können, d. h. die Zuverlässigkeit des Erzeugnisses durch Wartungsmaßnahmen gewahrt werden kann.

Von wesentlichem Einfluß auf die Zuverlässigkeit und Verfügbarkeit von Arbeitsmitteln ist die Korrosion dann, wenn aggressive Medien einwirken und keine direkte visuelle Beobachtungsmöglichkeit besteht. Das ist zum Beispiel in der

— chemischen Industrie,
— Energie-Erzeugung und beim
— Rohrleitungstransport

der Fall.

Zur Eindämmung der Korrosionsschäden bietet sich der Einsatz korrosionsträger und mit nichtkorrodierender Oberfläche beschichteter Werkstoffe an.

Wie Ergebnisse der Korrosionsschutzforschung materialökonomisch wirksam werden können, soll am Beispiel der Warmwasserversorgungsanlagen gezeigt werden — einem Beispiel aus der Arbeit der Zentralstelle für Korrosionsschutz.

In warmwasserführenden Anlagen der DDR werden gegenwärtig durch Korrosion und Inkrustation volkswirtschaftliche Verluste von ungefähr 30 Millionen Mark pro Jahr hervorgerufen. Durch die ständige Errichtung neuer Wohn- und Gesellschaftsbauten und der damit verbundenen Warmwasser-Versorgungsanlagen tragen diese volkswirtschaftlichen Verluste fortschreitenden Charakter.

Derartige Korrosionsschäden sind jedoch keineswegs eine naturbedingte Notwendigkeit, sondern können bei genauer Kenntnis des Korrosionsprozesses und seiner Ursachen durch entsprechende Korrosions- und Inkrustationsschutzmaßnahmen auf ein Minimum gesenkt werden. Auf diesem Gebiet liegen industrieanwendungsreife Forschungsergebnisse vor.

Durch die Zugabe von Inhibitoren, z. B. Polyphosphate, über eine Dosieranlage in das Wasser zentraler Warmwasser-Versorgungsanlagen kann eine Erhöhung der durchschnittlichen Betriebsdauer der Leitungen von 7,5 auf 15 Jahre erreicht werden. Der Wegfall einer Neu-Berohrung in 15 Jahren bringt — bezogen auf einen Jahresbedarf von 750 Anlagen für Neubauten — eine jährliche Einsparung von 1,5 Millionen Mark und 100 t Walzstahl.

Große Aufmerksamkeit wird im IfL der Untersuchung der Schwingungsrißkorrosion gewidmet. Diese Untersuchungen haben zu praktisch wichtigen Aussagen geführt.

Obwohl sich hochlegierte Cr- und CrNi-Stähle durch eine hohe Beständigkeit gegenüber chemisch angreifenden Stoffen auszeichnen, erfahren schwingbeanspruchte Teile aus diesen Stählen selbst durch verhältnismäßig mild wirkende Medien infolge Auslösung der Schwingungsrißkorrosion einen erheblichen Dauerfestigkeitsverlust. Er betrug 28% bei Lagerung in Leitungs- und künstlichem Meerwasser.

Die Schwingungsrißkorrosion ist ein Beispiel kombiniert auftretender Schädigungskriterien, nämlich Korrosion und Ermüdung.

Ermüdung

Bei der Berechnung von Bauteilen unter dynamischer Beanspruchung ist die Dimensionierung nach den Methoden und Erkenntnissen der Betriebsfestigkeit von besonderer Bedeutung. Sie ermöglicht eine optimale Ausnutzung des Werkstoffes. Gleichzeitig bildet sie den Ausgangspunkt für eine Präzisierung des Sicherheitsbegriffes in der Technik durch Berücksichtigung wahrscheinlichkeitstheoretischer Aspekte.

Für eine Dimensionierung auf begrenzte Lebensdauer ist die Kenntnis dreier Faktoren wichtig:

1. Werkstoff- bzw. Bauteilkennwerte, meist in Form der Wöhlerkurve unter Berücksichtigung der Gestalt des zu dimensionierenden Bauteiles,

2. Rechenverfahren unter Zugrundelegung bestimmter Annahmen über den Verlauf der Bauteilschädigung, d. h. einer Schadensakkumulationstheorie und

3. Beanspruchungskollektive, worauf in einem späteren Abschnitt noch ausführlicher eingegangen wird.

Die bisher existierenden Berechnungsverfahren zur Bestimmung der Lebensdauer eines Bauteiles wurden aufgestellt und bewiesen durch Vergleichsversuche mit idealisierten Beanspruchungsverläufen. Lange Zeit war der sogenannte „Betriebsfestigkeitsversuch" mit einem Blockprogramm die einzige mit Hilfe der vorhandenen Technik zu bewältigende Versuchsmethode.

Die Programmiereinrichtungen zwangen zur Verwendung von mehr oder weniger langen Folgen von gleichgearteten Beanspruchungszyklen. Die Unterteilung des gesamten im Betrieb zu erwartenden Beanspruchungsspektrums in bestimmte diskrete Abschnitte wird sowohl für den Versuch als auch für die abgeleiteten Theorien angewandt. Auf dieser Basis entstand ein beachtlicher Fundus an Werkstoff- und Bauteilkennwerten, der nach wie vor als Berechnungsgrundlage dient.

Die Diskrepanz zwischen dem mehr oder weniger stochastischen Verlauf der Betriebsbeanspruchung und dem nach erfolgter statistischer Auswertung aus dem aufgestellten Beanspruchungskollektiv abgeleiteten Blockprogramm gab Veranlassung zur Untersuchung der Problematik.

Voraussetzung dafür war eine entsprechende moderne Versuchstechnik, die elektro-servohydraulische Versuchsanlage mit Endlosmagnetbandsteuerung. Für die grundlegenden Untersuchungen wurden den Bauteilen stochastische Beanspruchungs-Zeit-Funktionen mit unterschiedlichen statistischen Zusammenhängen auferlegt.

Vier verschiedene Beanspruchungstypen zeigt Abb. 2. Die Unterschiede in den statistischen Gesetzmäßigkeiten der stochastischen Funktionen werden durch den Korrelationsfaktor r — er ist ein Maß für die Zuordnung der Maxima und Minima der Beanspruchungen — und den Unregelmäßigkeitsfaktor i — er ist ein Maß für das Verhältnis der Nulldurchgänge von Schwingspielen zur Gesamtzahl der Schwingspiele — beschrieben.

Das bemerkenswerteste Ergebnis der durchgeführten Versuche ist die Tatsache, daß bei völlig unregelmäßigem Verlauf, gekennzeichnet durch den Korrelationsfaktor $r = -1$ und den Unregelmäßigkeitsfaktor $i = 1$, das entspricht etwa dem oberen Verlauf in Abb. 2, nur 20—25% derjenigen Betriebsdauerwerte ertragen wurden, die bei einer Blockprogrammbeanspruchung bei gleicher Völligkeit des Kollektivs erreicht wurden [2].

Die Ergebnisse der Blockprogramm-Beanspruchung können demzufolge erheblich auf der unsicheren Seite liegen. Die Ergebnisse von Blockprogrammversuchen müssen deshalb durch einen Korrekturfaktor in Abhängigkeit vom realen Beanspruchungsverlauf aussagefähiger gemacht werden. Für diesen Korrekturfaktor werden im IfL Arbeitsunterlagen geschaffen.

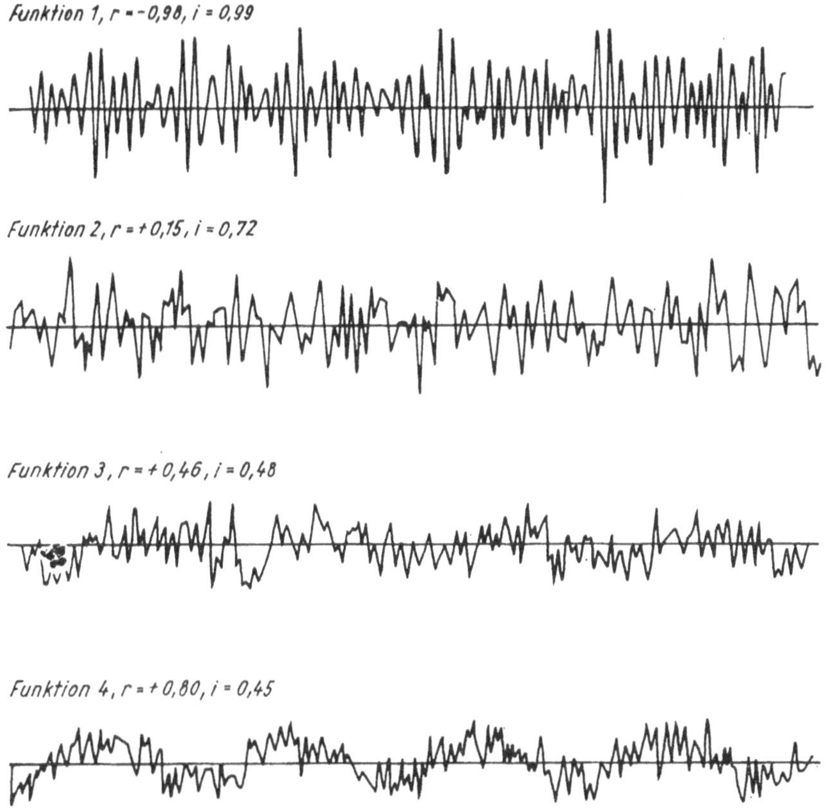

Abb. 2 Verwendete Beanspruchungsverläufe

Die zuletzt vorgetragenen Erkenntnisse sind das Ergebnis einer auf phänomenologischer Betrachtungsweise fußenden Forschung. Leider gibt es zur Zeit keine technisch nutzbare werkstoffphysikalische Theorie der Ermüdungsvorgänge, aus der eine anwendbare strukturmechanisch begründete Schadensakkumulationstheorie abgeleitet werden kann. Hier liegt ein Forschungsgebiet vor, auf dem gezielte Grundlagenforschung zur Weiterentwicklung der technischen Zuverlässigkeit beitragen könnte.

Alterung

Der zunehmende Einsatz von organischen Werkstoffen zwingt uns, auch dem Einfluß der Alterung auf die Zuverlässigkeit größere Aufmerksamkeit zu widmen.

Es sind meist umgebungsbedingte Einwirkungen und Beanspruchungen, welche die Alterungsvorgänge auslösen wie Licht — besonders der Ultraviolett-Anteil, Feuchtigkeit, Temperaturen, Niederschlag, Wind und Verschmutzungen sowie die thermodynamisch instabilen Zustände des Werkstoffes.

Als wesentliche Eigenschaftsveränderungen sind zu nennen: Verfärbung, Versprödung und Abminderung der mechanischen Eigenschaften.

Diese Eigenschaftsveränderungen wirken sich durchweg negativ auf die Zuverlässigkeit aus. Beispiele für den Einfluß der Alterung auf die Zuverlässigkeit mit großen materialwirtschaftlichen Auswirkungen finden wir im Bauwesen:

- Versagen der Klebverbindung zwischen Deckschicht und Stützkern bei Sandwichelementen (Abb. 3), die im Industrie- und Landwirtschaftsbau zum Einsatz gelangen und die
- Versprödung und ungenügende Farbstabilität von Balkonverkleidungselementen.

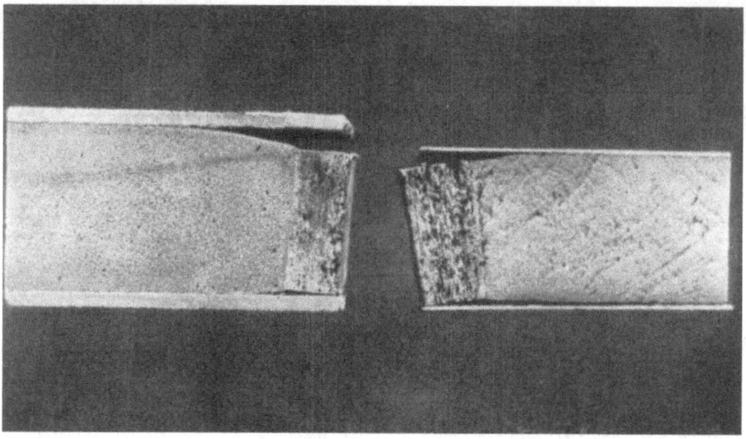

Abb. 3 Versagen der Klebeverbindung zwischen Deckschicht und Stützkern bei Sandwichelementen

Der Erkenntnisstand hinsichtlich der Theorie der Alterung ist gering, Anwendungsrichtlinien sind daraus nicht ableitbar.

In Anbetracht der ungeheuren Vielfalt der Plastwerkstoffe, ihrer Modifikationen und Kombinationen und unter Berücksichtigung der Tatsache, daß die Anwendung der Plastwerkstoffe erst in den letzten 30 Jahren größere Bedeutung erlangt hat, ist es nicht verwunderlich, daß auch das empirisch gewonnene Datenmaterial für die Einschätzung von Alterungsproblemen in der Technik völlig unzureichend ist.

Dieser unbefriedigende Zustand entbindet die Entwickler und Produzenten von Plasterzeugnissen nicht von der Notwendigkeit, die Alterung als Ausfallursache bereits im konstruktiven Entwicklungsprozeß bei der Auswahl der Werkstoffe zu berücksichtigen und Maßnahmen zur Reduzierung des Alterungseinflusses vorzusehen.

Als Lösungsweg zur Zuverlässigkeitssicherung hinsichtlich Alterungsbeständigkeit wurden im IfL zeitraffende Prüfmethoden für Sandwichelemente entwickelt. Da die Alterungsvorgänge sehr langsam ablaufen, wird versucht, durch zeitraffende Prüfmethoden in kurzer Zeit eine meßbare Veränderung der Altersindikatoren, also der für die Anwendung wichtigen technischen und physikalischen Kenngrößen, zu erreichen. Bei der Anwendung zeitraffender Prüfverfahren ist jedoch zu bedenken, daß die Alterungsprozesse durch zu stark erhöhte Wirkungsfaktoren nicht nur beschleunigt, sondern auch qualitativ so verändert werden können, daß ein anderer chemisch-physikalischer Prozeß eingeleitet wird als bei der natürlichen Alterung, die Ergebnisse der zeitraffenden Prüfung somit auf die Praxis nicht mehr übertragbar sind.

Zur Bewertung des Verfahrens werden deshalb jahrelange Parallelversuche unter natürlichen Alterungsbedingungen erforderlich. Bei dem Prüfverfahren des IfL werden die Alterungsvorgänge an Polyurethan-Stützkernelementen, die als Hüllelemente im Industrie- und Landwirtschaftsbau der DDR eingesetzt werden, durch Simulation der während eines Jahres einwirkenden wesentlichen bauphysikalischen und klimatischen Beanspruchungen in einem dreiwöchigen Prüfprogramm untersucht. Ein Vergleich mit Langzeitversuchen zeigte, daß ein aus 3 Zyklen bestehendes Programm von insgesamt 9 Wochen ausreicht, die Zuverlässigkeit des Haftverbundes einschätzen zu können. Durch analoge Forschungen konnten die Ursachen der in der Praxis aufgetretenen Schadensfälle analysiert und Maßnahmen zur Erhöhung der Zuverlässigkeit der Bauelemente abgeleitet werden.

3. Zur Ermittlung von Betriebsbelastungen

Die Aufgabe einer Zuverlässigkeitsberechnung oder einer experimentellen Zuverlässigkeitsbestimmung besteht darin, für einen vorgegebenen Zeitraum die Belastbarkeit der Konstruktion, des Bauteiles oder Bauelementes mit den im praktischen Betrieb zu erwartenden Belastungen nachzuweisen. In Konstruktionskatalogen, Werkstoffkennblättern und Standards findet der Konstrukteur z. T. gut gesicherte Kennwerte, z. B. über die Werkstoffeigenschaften. Weit weniger bekannt sind im allgemeinen die der Bechnung oder dem Experiment zugrunde zu legenden Belastungen. Unter Belastungen sind dabei alle umgebungs- oder funktionsbedingten Einwirkungen wie Temperatur, Feuchte, Druck, Staub, aggressive Medien, statische und dynamische Lastkollektive zu verstehen.

Für die in erster Linie umgebungsbedingten Belastungen wie Temperatur, Feuchte, Staub müssen Belastungsklassen in Standards so definiert und festgelegt sein, daß möglichst praxisnahe Prüfbedingungen daraus abgeleitet werden können, eine Forderung, die zur Zeit nur teilweise erfüllt ist.

Meist funktionsbedingt sind statische und dynamische Belastungen. Diese Lastkollektive sind sehr erzeugnisspezifisch und oft noch von den unterschiedlichsten Einsatzbedingungen abhängig. Als Beispiele seien Kraftfahrzeuge, Krane und Förderanlagen genannt.

Die Ermittlung dynamischer Lastkollektive durch Beanspruchungsmessungen im praktischen oder im Versuchsbetrieb, die statistische Auswertung dieser Messungen und die Ableitung von Bemessungs- bzw. Prüfkollektiven ist sehr fachpersonal- und kostenaufwendig. Richtwerte oder geschätzte Belastungen als Bemessungsgrundlage können zu Über- oder Unterdimensionierungen und damit zu unökonomischen oder unzuverlässigen Erzeugnissen führen.

Ein Beispiel für erfolgreiche Arbeit mit Belastungsanalysen und der Anwendung der Ergebnisse zur Verbesserung eines Erzeugnisses ist der Gülletransporter HTS 100.27.

Die Sicherung der Zuverläsigkeit des Plastbehälters ließ einen experimentellen Zuverlässigkeitsnachweis geraten erscheinen. Als Grundlage dieser Versuche wurden umfangreiche Belastungsmessungen im praktischen Einsatz durchgeführt.

Abb. 4 zeigt das Meßfahrzeug und den Gülletransporter auf einer solchen Meßfahrt. Die Meßwerte wurden statistisch ausgewertet, d. h. die Amplituden der Belastungen klassiert und geordnet. Das Ergebnis waren Blockprogramme, wie in Abb. 5 zu sehen.

Mit diesen Blockprogrammen wurden die Versuche durchgeführt. Die Versuche ließen erkennen, daß der Plastbehälter den gestellten Anforderungen genügte, am Rahmen aber Schäden auftraten. Abb. 6 zeigt einen Rahmenriß.

Aus den Versuchsergebnissen abgeleitete konstruktive Verbesserungen ergaben nicht nur die geforderte Zuverlässigkeit, sondern darüber hinaus noch Massereduzierungen sowohl des Plastbehälters als auch des Rahmens.

Die verbesserte Variante des Güllebehälters stellt sowohl hinsichtlich ihres spezifischen Materialeinsatzes als auch ihres Zuverlässigkeitsniveaus ein internationales Spitzenerzeugnis dar.

Abb. 4 Gülletransporter mit Meßfahrzeug

Die Forschungsarbeiten des IfL zeigen, daß die Belastungsverläufe gewissen Gesetzmäßigkeiten unterliegen, deren Kenntnis zu einer wesentlichen Rationalisierung der Ermittlung von dynamischen Lastkollektiven genutzt werden kann. So müssen bei der Ermittlung von Lastkollektiven für Kraftfahrzeuge nur noch die Spitzenwerte der Belastung in wenigen Wiederholversuchen gemessen werden. Die Form der Lastkollektive, die Streuung der Spitzenwerte und die zugehörige Erfassungswahrscheinlichkeit kann berechnet werden.

Die technische Zuverlässigkeit ist eine quantifizierbare und damit nachweisbare Eigenschaft der Erzeugnisse. Der Nachweis der technischen Zuverlässigkeit ist allerdings keineswegs unproblematisch.

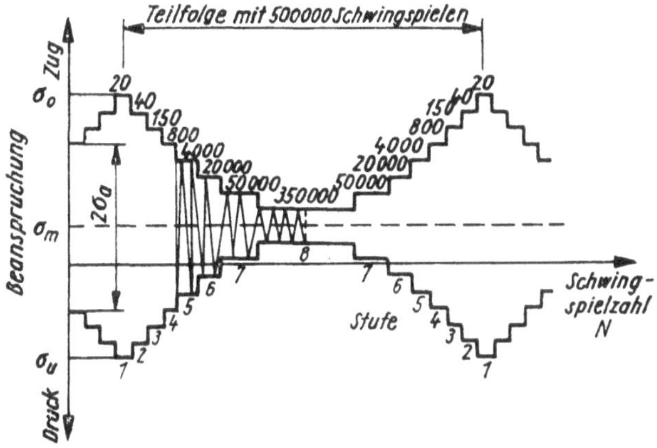

Abb. 5 Blockprogramm

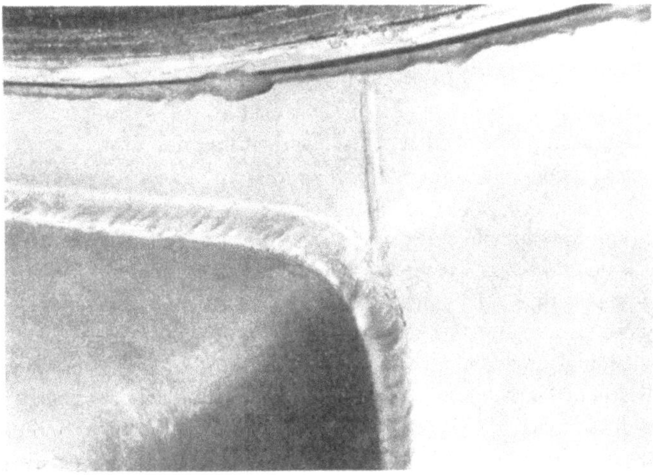

Abb. 6 Rahmenriß am Güllentransporter

Bei Erzeugnissen, die sich bereits längere Zeit im Einsatz befinden, können Zuverlässigkeitskennwerte aus Betriebsdaten- und Schadenserfassung gewonnen werden. Die dabei aufgetretenen Probleme sind in erster Linie organisatorischer und ideologischer Art, werden in der DDR durch den Aufbau eines Systems zur Datenerfassung, -rückmeldung und -auswertung Schritt um Schritt gelöst.

Bei neu zu entwickelnden Erzeugnissen sowie Detailveränderungen an laufenden Serien muß der Zuverlässigkeitsnachweis durch Rechnung oder, wenn gesicherte Rechenverfahren nicht vorliegen, auf experimentellem Wege erfolgen.

Häufig müssen beide Methoden kombiniert werden.

An die Prüfverfahren sind dabei folgende Forderungen zu stellen:

1. Die Entwicklungszeit des Erzeugnisses darf durch den Zuverlässigkeitsnachweis nicht unzulässig verlängert werden. Das erfordert im allgemeinen zeitraffende Prüfverfahren.

2. Die Zuverlässigkeitsprüfungen müssen unter dem praktischen Betrieb entsprechenden Beanspruchungen durchgeführt werden. Hierzu wurde bereits gesprochen.

3. Der Zuverlässigkeitsnachweis muß mit standardisierter Prüftechnik und mit standardisierter Auswertemethodik durchgeführt werden.

Oft sind Prüfergebnisse auf Grund unterschiedlicher Prüfbedingungen nicht vergleichbar. Die Aussagekraft ist dadurch stark gemindert.

Im IfL werden zur Zeit die Prüfverfahren für dynamische Festigkeitsprüfungen zu Normprüfverfahren entwickelt. Durch den Einsatz prozeßrechnergesteuerter elektro-servohydraulischer Prüfmaschinen mit standardisierten Programmen wird ein wesentlicher Schritt zu aussagekräftigen Prüfmethoden auf diesem Fachgebiet getan, der auch im Rahmen des RGW wirksam werden soll.

Weiterhin wird an Prüfverfahren für Keilriemen und Rollenketten gearbeitet.

4. Zur technischen Diagnostik

Eine Methode zur Sicherung der Zuverlässigkeit technischer Systeme, die zunehmend an Bedeutung gewinnt, ist die technische Diagnostik.

Unter technischer Diagnostik verstehen wir die Überprüfung des Zustandes der Maschinen und Anlagen, ohne daß diese vorher zu diesem Zwecke demontiert werden.

Mit der Abnutzung von Maschinenelementen ändern sich auch verschiedene physikalische Kenngrößen und Erscheinungen, die diese Maschinenelemente hervorrufen. Solche Erscheinungen sind z. B. mechanische Schwingungen, Geräusche, Betriebstemperaturen, Ölverunreinigungen.

Analog der Untersuchungsmethoden der Medizin wird immer intensiver nach Zusammenhängen zwischen der Änderung der genannten Sekundärerscheinungen und dem Abnutzungszustand der Maschinen und Anlagen gesucht. Mit der Kenntnis dieser Zusammenhänge ist es möglich, entstehende Schäden rechtzeitig zu ermitteln, so daß Ausfälle während des Einsatzes der Maschinen und Anlagen vermieden, Instandhaltungsmaßnahmen eingeleitet und die Ersatzteile rechtzeitig bestellt werden können.

Forschungsschwerpunkt auf diesem noch relativ jungen Gebiet der Zuverlässigkeitssicherung sind

1. die Zustandsermittlung,

Zu entwickeln bzw. zielgerichtet weiterzuentwickeln sind hier die Endoskopie, Methoden der Ultraschallanalyse von Öl mit entsprechenden Diagnosegeräten, Isotope.

2. die Festlegung von Schädigungsgrenzen,
3. die Ableitung von Restlebensdauerprognosen und
4. die Erarbeitung von Richtlinien zur diagnosegerechten Konstruktion.

Die Anwendung der technischen Diagnostik kann recht kostenaufwendig sein. Deshalb sind vor ihrer Anwendung stets Untersuchungen über das Aufwand-Nutzen-Verhältnis anzustellen. Aus diesen Untersuchungen ergeben sich die Anwendungsgrenzen für diagnostische Maßnahmen und damit Hinweise für das zweckmäßigste Instandhaltungssystem.

5. *Zur systematischen Instandhaltung*

Unter Instandhaltung versteht man heute die Gesamtheit der technischen, technologischen, organisatorischen und ökonomischen Maßnahmen zur Erhaltung und Wiederherstellung der Gebrauchseigenschaften technischer Arbeitsmittel. Die Ursache der Instandhaltung ist der Schadbildungsprozeß, dessen wichtigste chemisch-physikalischen Ursachen bereits beschrieben wurden.

Die Instandhaltung wird in folgende Bestandteile gegliedert:

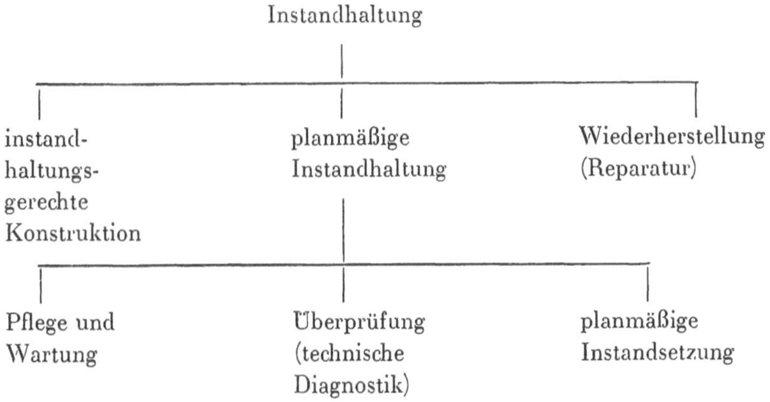

Da bei modernen Produktionsanlagen plötzliche Ausfälle aus ökonomischen Gründen nicht in Kauf genommen werden können, verlagert sich der Schwerpunkt der Instandhaltung von Reparaturarbeiten immer mehr zur planmäßigen Instandhaltung. Dabei erlangt die umfassende Vorbereitung des Instandhaltungsprozesses in der Phase der Produktionsvorbereitung immer größere Bedeutung.

Die Aufgaben einer instandhaltungsgerechten Konstruktion sind:

1. Gestalten eines optimalen Schädigungsverhaltens
2. Gestalten einer günstigen Durchführbarkeit von Instandhaltungsmaßnahmen
3. Erarbeiten einer optimalen Instandhaltungsstrategie.

Durch die Kenntnis der Zuverlässigkeitsfunktion und Ausfallwerte des Erzeugnisses und seiner Bauteile wird die Durchführung dieser Arbeiten im konstruktiven Entwicklungsprozeß ermöglicht.

Es kommen drei Instandhaltungsmethoden zum Einsatz, die trotz ihres recht unterschiedlichen Niveaus alle ihre Berechtigung haben:

1. Ausfallmethode

Die Maschine wird bis zum Ausfall betrieben. Die Tragreserven der einzelnen Elemente werden auf diese Weise voll ausgenutzt. Am Ende steht jedoch ein Ausfall an einem vorher nicht bestimmbaren Zeitpunkt.

2. Instandhaltung nach starrem Zyklus

Nach einer bestimmten Nutzungsdauer werden alle dafür vorgesehenen Elemente unabhängig von ihrem jeweiligen Schädigungszustand ausgewechselt, um einen plötzlichen Ausfall zu vermeiden. Dieser Vorteil wird aber mit einer nicht vollständigen Auslastung der Tragreserve, d. h. zusätzlichem Material erkauft. Um trotzdem materialökonomisch arbeiten zu können, ist es notwendig, den Instandhaltungszyklus schon im konstruktiven Entwicklungsprozeß an Hand der Zuverlässigkeitskennziffern zu planen.

Die Festlegung der Instandhaltungsstrategie bei unterschiedlicher Betriebsdauer der Bauelemente führt auf ein Optimierungsproblem.

Rechenprogramme zur Optimierung wurden z. B. an der Universität Rostock, Sektion Landtechnik, bereits erarbeitet.

Hierbei muß zusätzlich beachtet werden, die Instandhaltungszyklen den natürlichen Einsatzzyklen der Maschine anzupassen. Zum Beispiel müssen Erntemaschinen die Erntekampagne möglichst ausfallfrei überstehen. Im Zusammenhang mit der Angleichung der Betriebsdauer verschiedener Bauelemente einer Maschine kommt immer wieder das Problem der Wegwerfmaschine, einer Maschine, die nach angemessener Lebensdauer ohne Reparatur zu verschrotten ist, ins Gespräch. Diese Maschine würde auch das Problem der Ersatzteilproduktion (15% der Warenproduktion) und -bereitstellung lösen.

Die Zuverlässigkeitsfunktion zeigt jedoch, daß alle Bauteile einer Maschine von Beginn der Nutzungsdauer an nicht ausfallsicher sind. Eine fast 100%ige Zuverlässigkeit über einen längeren Zeitraum würde aus ökonomischen Gründen unvertretbar hohe mittlere ausfallfreie Zeiten erfordern.

Die Wegwerfmaschine bleibt deshalb Utopie.

Allerdings bietet die Kenntnis der Zuverlässigkeitskennziffern der Maschine und ihrer Bauteile sowie die exakte Planung von Instandhaltungsmaßnahmen günstige Möglichkeiten zur Ersatzteilplanung. Ein entsprechendes Forschungsthema wird im IfL bearbeitet.

3. Instandhaltung nach Überprüfung

An festen Terminen wird der Schädigungszustand überprüft. Hieraus werden Instandhaltungsmaßahmen abgeleitet. Das garantiert eine weitestgehende Ausnutzung der Tragreserven und damit gute Materialökonomie. Entsprechende Anlagen und Methoden der technischen Diagnostik sind deshalb verstärkt zu entwickeln.

6. *Zusammenfassung und Schlußfolgerungen*

Ausgehend von der Bedeutung der technischen Zuverlässigkeit für die Qualität der Erzeugnisse und die Materialökonomie der Volkswirtschaft wurden aktuelle Forschungsprobleme und -ziele auf Hauptgebieten der Zuverlässigkeitsforschung wie Verschleiß, Korrosion, Ermüdung, Alterung, technische Diagnostik und Instandhaltung aus der Sicht der angewandten Forschung dargelegt. Auf der Grundlage der unmittelbaren Aufgaben des Institutes für Leichtbau und ökonomische Verwendung von Werkstoffen wurden dabei ausführlicher die Probleme an den Beispielen Betriebsfestigkeitsberechnung, Bauteilalterung und Ermittlung praxisnaher Beanspruchungen erläutert.

Schlußfolgernd muß hervorgehoben werden, daß die Erhöhung und Sicherung der technischen Zuverlässigkeit nur durch interdisziplinäre Zusammenarbeit nahezu aller naturwissenschaftlich-technischen Fachgebiete erreicht werden kann.

Sehr wichtig für die Praxiswirksamkeit der Zuverlässigkeitsforschung auf allen Teilgebieten ist die Darstellung der Ergebnisse in einer Form, die eine breite Anwendung durch das ingenieurtechnische Personal, vornehmlich in den produktionsvorbereitenden Bereichen und in den Wartungsbereichen der Betriebe, ermöglicht.

Die technische Zuverlässigkeit der Erzeugnisse kann nicht durch die Arbeit einiger Zuverlässigkeitsspezialisten erreicht werden, sondern nur durch die Verbreitung eines Zuverlässigkeitsbewußtseins und des erforderlichen Wissens über dieses Gebiet bei allen Wissenschaftlern und Technikern, die an der Entwicklung technischer Erzeugnisse beteiligt sind. Besonders geeignet sind Standards und verbindliche Richtlinien, Kennwertsammlungen und Konstruktionskataloge.

Bei der Bereitstellung dieser Arbeitsunterlagen darf keine Zeit mehr verloren gehen.

Nur so wird die Zuverlässigkeitsforschung mit der notwendigen Effektivität wirksam, wirksam im Sinn einer wissenschaftlich-technischen Reserve zur Verbesserung der Materialökonomie, zur Erhöhung der Arbeitsproduktivität und zur Steigerung der Erzeugnisqualität.

Literatur

[1] Döring, W.: Gedanken zur Materialökonomie. Ifl-Mitt., 13 (1974) 12, S. 437–440.
[2] Pfeiffer, F.: Untersuchungen zum Einfluß regelloser Beanspruchungsfolgen auf die Bauteilermüdung. Ifl-Mitt., 15 (1976) 1/2, S. 19–30.

FSC
www.fsc.org
MIX
Papier | Fördert gute Waldnutzung
FSC® C083411

Kolibri 360 GmbH
Ferdinand-Jühlke-Straße 7
99095 Erfurt, Deutschland
produktsicherheit@kolibri360.de